Afeez Ayoade Adegbite

Métodos de Campo para Testes Microbiológicos da Qualidade da Água em Situações de Emergência

Afeez Ayoade Adegbite

Métodos de Campo para Testes Microbiológicos da Qualidade da Água em Situações de Emergência

ScienciaScripts

Imprint
Any brand names and product names mentioned in this book are subject to trademark, brand or patent protection and are trademarks or registered trademarks of their respective holders. The use of brand names, product names, common names, trade names, product descriptions etc. even without a particular marking in this work is in no way to be construed to mean that such names may be regarded as unrestricted in respect of trademark and brand protection legislation and could thus be used by anyone.

Cover image: www.ingimage.com

This book is a translation from the original published under ISBN 978-3-659-85002-8.

Publisher:
Sciencia Scripts
is a trademark of
Dodo Books Indian Ocean Ltd. and OmniScriptum S.R.L publishing group

120 High Road, East Finchley, London, N2 9ED, United Kingdom
Str. Armeneasca 28/1, office 1, Chisinau MD-2012, Republic of Moldova, Europe
Printed at: see last page
ISBN: 978-620-8-31784-3

Índice

DEDICAÇÃO

Dedico este livro ao meu criador Deus Todo-Poderoso, o Mais Gracioso, o Sempre Misericordioso e aos menos privilegiados da sociedade.

RECONHECIMENTO

LISTA DE ACRÓNIMOS

AHP	Analytic Hierarchy Process
CDC	Centres for Disease Control and Prevention
CFU	Colony forming unit
CPA	Comparative Performance Analysis
DST	Defined Substrate Technology
DWI	Drinking Water Inspectorate.
EPA	Environmental Protection Agency (USA)
GDWQ	The WHO Guidelines for Drinking-Water Quality.
ISO	International Standards Organization
MCDM	Multiple criteria decision making
MFT	Membrane Filtration Technique.
MLSB	Membrane Lauryl Sulphate Broth
MPN	Most probable number
MSF	Medecins Sans Frontieres
MUG	4-methylumbelliferyl-β-D-glucuronide
NLM	National Library of Medicine
ONPG	o-nitrophenyl-β-D- galactopyranoside
P/A	Presence and Absence
ROC	Receiving operating receiver
UNICEF	United Nations Children's Fund
USACEHR	US Army Centre for Environmental Health Research
WHO	World Health Organisation
WSSCC	Water Supply and Sanitation Collaborative Council

CHAPTER 1 INTRODUÇÃO

1.1 Informações de base

O acesso e o fornecimento de água potável segura e portátil deveriam ser uma preocupação fundamental da humanidade. A UNICEF, a OMS e a WSSCC (2000) estimaram que 80% das doenças do mundo estão relacionadas com a falta de *abastecimento de água* e de *saneamento básico*. Os mais afectados são os habitantes dos países do terceiro mundo e os habitantes das zonas rurais.

A maioria dos países de baixo rendimento ou do terceiro mundo tem várias fontes de água, mas estas fontes representam riscos potenciais para a saúde se a qualidade da água for baixa. De acordo com um projeto coordenado pelo Dr. Sim Tiow-Suan, "a saúde da humanidade depende da qualidade da água que bebe".

O abastecimento de água e o saneamento são indissociáveis: são interdependentes e estão interligados. Essencialmente, um abastecimento de água deficiente conduzirá a um saneamento deficiente e um saneamento deficiente por parte das pessoas afectará a qualidade do abastecimento de água.

Uma vez que o saneamento está atrasado em relação ao abastecimento de água, estes efeitos estão sempre presentes. Vinte por cento da população mundial não tem acesso a água potável segura e 40% das pessoas não dispõem de água adequada (OMS e WATER UK).

O abastecimento de água sem ter em conta a sua qualidade comprometerá definitivamente a razão de ser do abastecimento de água. Além disso, concentrar-se no abastecimento adequado de água sem considerar a sua qualidade anula o seu objetivo: prevenir e controlar as doenças relacionadas com a água.

Fenómenos contínuos como o crescimento demográfico, os conflitos hídricos, as necessidades de água em situações de emergência, os campos de refugiados, as actividades humanas que resultam na poluição da água e a captação excessiva têm um impacto adverso no abastecimento existente de água potável.

Deve também ser dada ênfase à segurança da água - a sua qualidade. Deve também ser dada atenção ao fornecimento de um método acessível, portátil e eficiente de testar a qualidade da água.

1.2 Declaração do problema

Existem esforços e campanhas globais relacionados com o abastecimento de água portátil, mas as razões para os empreender devem ser claramente indicadas. A razão é a escassez, o aumento da procura de água ou a preocupação com a sua qualidade?

Alguns especialistas argumentam que, no caso do abastecimento de água durante emergências, a quantidade de água é mais importante do que a sua qualidade (Davis e Lambert, 2001). Mas os MSF estão interessados na qualidade da água pela razão óbvia de que quanto maior for o risco de contaminação da água, desde a fonte, a recolha ou o armazenamento, mais problemas se criarão. Como resultado de água insuficiente para a higiene pessoal, más práticas de higiene, contaminação por fezes humanas e poluição, as coisas deterioram-se. A realização de testes adequados à qualidade da água é um grande problema, porque depende da disponibilidade de laboratórios locais de água e de pessoal treinado e qualificado. No entanto, a disponibilidade de métodos portáteis, que podem ser facilmente aprendidos com um pouco de formação, torna possível uma melhoria rápida.

Bartram e Balance (2001) definem a Qualidade da Água como a "sustentabilidade da água para sustentar vários usos ou processos", uma gama de variáveis que limita os usos da água. Para fins de água potável, as bactérias/micróbios serão um limite, para além de outros factores, como o odor e a cor, que afectam a qualidade da água. A microbiologia é um fator muito importante na melhoria da saúde humana e na eliminação de doenças. "Qualquer tecnologia para avaliar a pureza microbiana da água em condições de campo deve cumprir critérios rigorosos: deve ser facilmente transportável, fornecer resultados atempados (idealmente menos de 4 horas)" USACEHR, 2005.

É necessário aumentar a produção de métodos de teste da qualidade da água. Atualmente, poucas opções são consideradas. Os principais desafios são a portabilidade, a robustez, a formação para lidar com os problemas existentes, a desutilização de muitos consumíveis e os tempos de incubação restritivos. Por exemplo, o método Delagua, o mais popular, sofre de várias limitações: a incubação demora um mínimo de 16 horas e o método detecta apenas coliformes termotolerantes (principalmente E.coli) ou coliformes totais, ajustando a temperatura. No entanto, este ajuste não é fácil e requer várias horas. As colónias que crescem nos meios nem sempre são selectivas (nem sempre só coliformes termotolerantes ou só coliformes totais), e a preparação do caldo não é fácil (embora este problema possa ser reduzido comprando o caldo preparado no mercado).

A manipulação durante todos os procedimentos requer pessoal com formação adequada, para garantir a obtenção de resultados fiáveis. O material é geralmente volumoso e não é fácil de transportar em caso de emergência, nem de transportar para recolher amostras e efetuar os testes. Nos últimos anos, houve muitos desenvolvimentos nos testes rápidos da água e no desenvolvimento de métodos mais selectivos que detectam estritamente E. coli e/ou coliformes totais: estes métodos incluem Colilert e Petrifilm. Estes testes são efectuados a 35,5° C, em vez de 43,5-44,5° C, como no caso do teste Delagua, e podem ser utilizados coliformes termotolerantes, que é possível cultivar no nosso próprio corpo: estes não necessitam de uma incubadora volumosa, nem de procedimentos de preparação morosos e complicados. Estes métodos têm vantagens significativas, especialmente em situações de emergência. No entanto, como é que se comparam com o método Delagua? Qual é a fiabilidade e a especificidade dos resultados? Como é que se comportam com as temperaturas elevadas que se verificam em muitos países tropicais? Requerem uma cadeia de frio? Qual é o seu prazo de validade?

Há necessidade de mais investigação nesta área, para determinar se existem métodos de teste da água mais simples, acessíveis, eficientes, robustos, rentáveis e fáceis de utilizar, para os quais as pessoas locais poderiam facilmente receber formação.

1.3 Finalidade e objectivos

1.3.1 Objetivo da investigação

Comparar diferentes métodos (simples e rápidos) para testar a qualidade microbiológica da água no terreno, em situações de emergência, e determinar as suas vantagens e desvantagens relativas, em termos de tempo de funcionamento, custos, manuseamento, portabilidade, eficácia e eficiência, bem como quaisquer limitações.

1.3.2 Os objectivos

(1) Recolher informações sobre métodos de teste simples e rápidos e selecionar alguns deles para uma avaliação comparativa.

(2) Avaliar a exatidão dos resultados obtidos.

(3) Avaliar a facilidade de utilização e a portabilidade dos métodos.

(4) Avaliar a relação custo-eficácia dos métodos de ensaio.

(5) Variar as técnicas de incubação, utilizando o corpo humano e a incubadora no laboratório, e comparar os resultados.

1.4 Âmbito da investigação

A investigação compara três métodos diferentes (Delagua, Colilert e Petrifilm) e estes são utilizados para examinar apenas os parâmetros microbiológicos das amostras de água. A E-coli viva (um indicador de contaminação fecal) foi diluída com água pura desionizada e purificada, o que significa a exclusão de outros coliformes. As experiências laboratoriais foram efectuadas em condições de campo.

1.5 Estrutura do relatório

O relatório está estruturado em cinco capítulos principais. O primeiro capítulo fornece informações de base sobre os problemas a abordar. O capítulo dois faz uma revisão da literatura sobre questões relacionadas com a monitorização e vigilância da qualidade da água e o método geral de análise microbiológica. O capítulo três apresenta a metodologia utilizada. O capítulo quatro apresenta os resultados e a discussão. O capítulo cinco conclui o estudo e apresenta conclusões e recomendações.

1.6 Definição de termos

(1) **Método**:

Os kits, consumíveis e acessórios necessários para testar amostras de água envolviam um procedimento experimental que detectava/enumerava, contava e confirmava a E-coli diluída na amostra de água.

(2) **Técnicas de incubação:**

A incubadora convencional no laboratório e a utilização do corpo humano para incubar a E-coli diluída na amostra de água.

(3) **Técnicas de exame:**

O exame microbiológico da água (fermentação em tubos múltiplos e filtração por membrana).

CHAPTER 2

2.1 Introdução

Esta secção explora alguns aspectos da qualidade da água. Centra-se nos parâmetros microbiológicos, nos métodos e técnicas de deteção e nas suas vantagens e desvantagens.

É feita uma revisão da literatura sobre os seguintes aspectos do projeto: vigilância da qualidade da água, análise de monitorização, métodos de análise microbiológica, análise de custos e avaliação dos kits de teste existentes no mercado. Aborda igualmente os objectivos, os problemas e as limitações da análise da qualidade da água.

As fontes de informação foram livros publicados sobre a qualidade da água, revistas de microbiologia e sítios Web.

2.2 Vigilância da qualidade da água

De acordo com a série de monografias n.º 63 da Organização Mundial de Saúde (OMS), a vigilância da qualidade da água potável pode ser definida como "a avaliação contínua e vigilante da saúde pública e a visão geral da segurança e aceitabilidade do abastecimento de água potável". No âmbito desta definição, as questões em causa são a saúde pública e o abastecimento de água potável.

A série de monografias n.º 63 de 1976 examinou igualmente os vários elementos de um programa de vigilância, incluindo a engenharia e o exame físico, biológico, químico e institucional dos abastecimentos de água.

O exame físico, biológico (geralmente bacteriológico) e químico inclui testes de amostras de água, tanto no campo como no laboratório.

Uma parte do relatório salientava a necessidade de uma avaliação completa dos riscos para a saúde: onze pontos foram identificados como o mínimo necessário para uma análise cuidadosa e crítica. O presente projeto centra-se em dois desses pontos:

1. Controlos de qualidade (registos, amostragem, ensaios)
2. Normas de funcionamento.

Do relatório de Lloyd e Bartram (1991) sobre a solução de vigilância para os problemas microbiológicos no controlo da qualidade da água nos países em desenvolvimento, é evidente que muitos países não aplicam os métodos normalizados de controlo da qualidade da água desenvolvidos, ao longo de quase um século, na Europa e na América do Norte. Os países em desenvolvimento procuraram e desenvolveram métodos mais simples e mais baratos que produziram resultados imprecisos e espúrios.

É necessário efetuar uma avaliação contínua da qualidade da água. De acordo com Howard (2002), a qualidade microbiológica da água é a principal preocupação relacionada com a qualidade da água que as pessoas consomem. "A qualidade microbiológica pode mudar muito rapidamente ao longo do tempo e a curtas distâncias e, por isso, requer testes frequentes."

São muitos os agentes patogénicos que determinam a qualidade microbiológica da água. É difícil, caro e demorado prever a sua presença e o seu número. Para evitar tais dificuldades, e para reduzir o custo e o tempo, é necessário adotar uma abordagem comum às técnicas de vigilância que consistem em analisar a amostra de água para bactérias indicadoras que indicam a ocorrência de contaminação fecal. A Escherichia coli (E-coli) (ou, em alternativa, coliformes termotolerantes) e os coliformes totais são bactérias indicadoras comuns utilizadas na vigilância da água.

Algumas questões relacionadas com as bactérias indicadoras incluem as bactérias associadas e a sua fonte de contaminação. Por exemplo, todos os indicadores de bactérias fecais mais frequentemente testados, exceto a E-coli, são compostos por várias espécies de bactérias que partilham caraterísticas comuns, como a forma, o habitat ou o comportamento (EPA, 2000). As E-coli constituem uma única espécie do grupo dos coliformes fecais. Os coliformes totais são um grupo de bactérias que se encontram disseminadas na natureza. Todos os membros do grupo coliforme total podem ocorrer nas fezes humanas, mas alguns podem também estar presentes noutros locais: no estrume animal, no solo e em muitas fontes ambientais.

A EPA iniciou a recomendação de E-coli e enterococos como melhores indicadores do risco para a saúde decorrente do contacto com a água. Os E-coli são uma espécie de bactéria coliforme fecal que é específica do material fecal dos seres humanos e de outros animais de sangue quente **Quadro 1 : As falhas comuns da vigilância da água**

1	Não assegurar a sensibilização geral para o perigo de surtos de doenças transmitidas pela água e/ou não chamar a

	atenção dos fornecedores de água para esses surtos.
2	Falta de políticas e procedimentos de vigilância estabelecidos.
3	Não realização de vistorias sanitárias.
4	Não recolha de amostras de água bruta e de água fornecida.
5	Não aplicação da correção das deficiências e das medidas de correção.
6	Falta de notificação dos resultados das análises por parte dos laboratórios.
7	Programa de aprovação inadequado para novas fontes.
8	Não adoção e aplicação das normas relativas à água potável.
9	Não proteção das bacias hidrográficas, dos poços e das nascentes contra a contaminação da superfície.
10	Não manutenção de uma pressão hidráulica positiva contínua em todos os sistemas de distribuição.
11	Não manutenção de um cloro residual contínuo nos sistemas de distribuição
12	Programas inadequados ou inexistentes de controlo das conexões cruzadas e da retro-sifonagem.
13	Falta de procedimentos laboratoriais normalizados.
14	Não manutenção de registos das instalações, por exemplo, níveis de cloro residual.
15	Não manutenção de registos de vigilância.
16	Amostras bacteriológicas colhidas em locais fixos não representativos do sistema de distribuição
17	Não desinfeção das novas construções e das obras de reparação.
18	Falta de autoridade jurídica adequada.
19	Orçamento e recursos humanos inadequados.
20	Número inadequado de pessoal devidamente formado e qualificado.
21	Instalações e apoio laboratoriais inadequados.
22	Não promoção de programas de manutenção adequados.

Fonte: OMS (1976)

A análise do Quadro 1 mostra que algumas das falhas comuns da vigilância da água são a falta de políticas e procedimentos de vigilância e a falta de capital e de recursos humanos.

As técnicas modernas disponibilizam kits de teste de água acessíveis e fáceis de utilizar, bem como procedimentos simples. Como resultado, a qualidade da água fornecida às comunidades urbanas e rurais nos países em desenvolvimento será elevada e criará menos riscos para a saúde das pessoas (OMS, 2006).

As diretrizes da OMS para a qualidade da água potável referem que a vigilância contribui para a proteção da saúde pública, avaliando o cumprimento dos programas de água e saneamento (PSA) e promovendo a melhoria da qualidade, quantidade, acessibilidade, cobertura, viabilidade económica e continuidade do abastecimento de água potável. A vigilância requer um programa sistemático de inquéritos que pode incluir a auditoria da análise dos PSM, a inspeção sanitária e os aspectos institucionais e comunitários.

Este projeto aborda apenas os aspectos de qualidade da água dos WSP: a melhoria do exame microbiológico da qualidade da água no terreno, durante as emergências, testando os diferentes métodos disponíveis atualmente, para determinar quais são os mais adequados.

2.3 Monitorização da qualidade da água

A Organização Internacional de Normalização (ISO) define Monitorização como "o processo programado de amostragem, medição e subsequente registo ou sinalização, ou ambos, de várias caraterísticas da água, frequentemente com o objetivo de avaliar a conformidade com objectivos especificados".

Esta definição geral bastante longa indica a razão da monitorização da qualidade da água, que consiste em avaliar se os objectivos específicos estabelecidos para a qualidade da água continuam a ser cumpridos.

Bartram e Balance (2001) dividiram a definição geral de monitorização em três tipos de actividades de monitorização, que distinguem entre programas de monitorização a longo prazo, a curto prazo e contínuos, do seguinte modo

1. A monitorização é a medição e observação padronizada e a longo prazo do ambiente aquático, com o objetivo de definir o estado e as tendências.

2. Os inquéritos são programas intensivos de duração limitada, destinados a medir e observar a qualidade do meio aquático com um objetivo específico.

3. A vigilância é uma medição e observação contínua e específica para efeitos de gestão da qualidade da água e de actividades operacionais.

A monitorização da qualidade da água, como explicado acima, destina-se a controlar as caraterísticas físicas, químicas e biológicas da água. Os programas de controlo têm por objetivo fornecer informações e dados úteis que constituam uma base de referência.

De acordo com Bartram e Balance (2001), um programa de monitorização corre o risco de se revelar ineficaz se a informação obtida for analisada de forma inadequada. Pode também não produzir dados úteis se o objetivo do programa e as limitações forem demasiado vagos. Este projeto incide igualmente sobre a gestão dos dados microbiológicos relativos à qualidade da água.

2.4 Métodos de análise microbiológica

O principal objetivo do exame microbiológico de amostras de água é detetar contaminação fecal recente, e portanto potencialmente perigosa. Muitos agentes patogénicos diferentes podem estar presentes na água poluída e contaminada com fezes, e não é praticamente possível testá-los todos numa amostra particular (Hutton, 1990).

Podem ser utilizados três grupos principais de organismos indicadores para detetar a contaminação fecal

1. Grupo de coliformes
2. O grupo dos estreptococos Feacal tipificado pelo streptococcus faecalis
3. Os esporos do grupo dos clostrídios redutores de sulfito tipificados por clostridium perfringens (difícil de testar em condições de campo, requer aquecimento a 800C e um procedimento fastidioso).

Hutton sugeriu um fluxograma simples para a determinação de organismos coliformes (ver Figura 1) que permite uma interpretação fácil, mas não inclui o teste e o procedimento experimental.

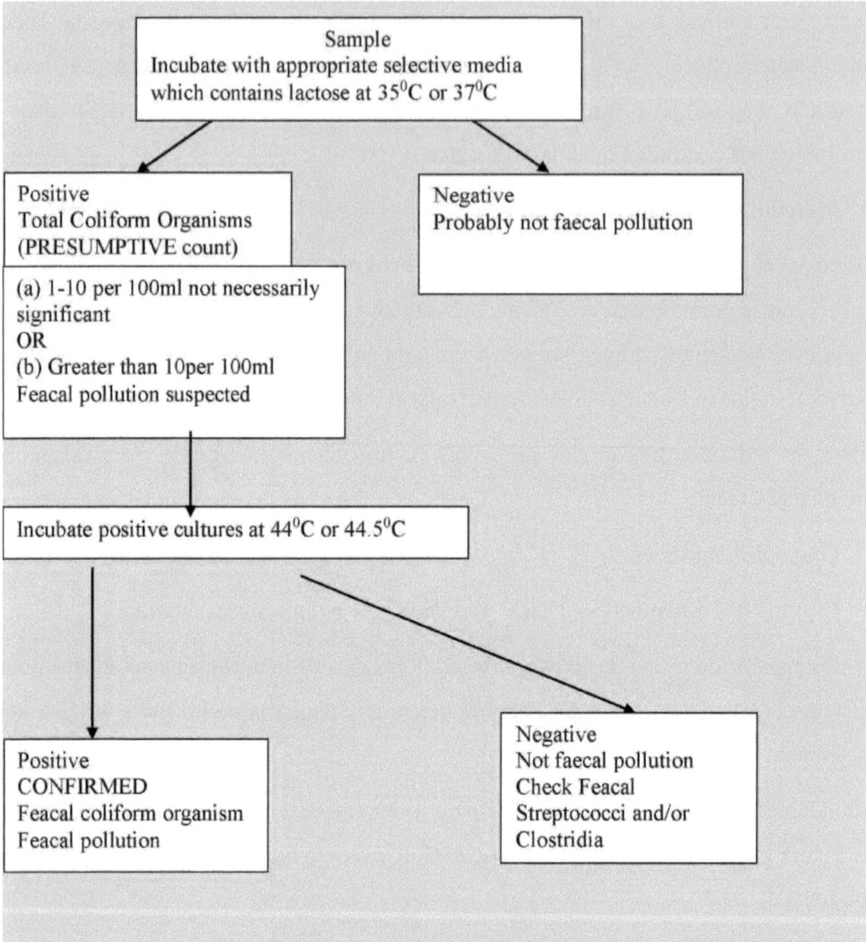

Figura 1: Fluxograma simples para a determinação de organismos coliformes

Fonte: Hutton (1990)

No entanto, na Secção 2.5 do seu livro, Field Testing of Water in Developing Countries, Hutton mencionou dois procedimentos disponíveis para a deteção e enumeração de agentes patogénicos da água (indicadores fecais).

1. A técnica de fermentação em tubos múltiplos.

2. A técnica de filtração por membrana.

Para a escolha dos procedimentos, especialmente no terreno e em situações de emergência, pode seguir-se o algoritmo de Hutton (1990) (ver Figura 2 abaixo).

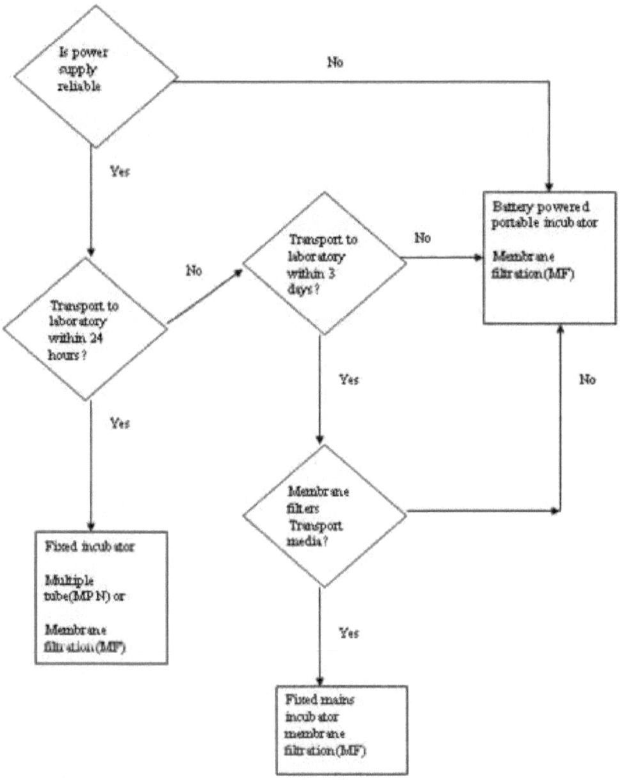

Figura 2: Algoritmo para a escolha de procedimentos para testes bacteriológicos da água nos países em desenvolvimento

Fonte: Hutton (1990)

O algoritmo destacou três aspectos importantes: fornecimento de energia, laboratório e incubadora que afectam o processo de exame microbiológico da água em situações de emergência.

Alguns dos métodos tradicionais para a determinação quantitativa de bactérias indicadoras numa amostra de água são referidos abaixo, juntamente com as suas vantagens e desvantagens.

2.4.1 Tubo múltiplo (ou número mais provável (NMP)).

Este método envolve a adição de volumes medidos da amostra a conjuntos de tubos ou frascos esterilizados, cada um contendo um meio líquido adequado (contendo lactose).

Para os testes de confirmação dos organismos coliformes termotolerantes (E-coli), que, quando incubados a 44^0 C durante 48 horas, produzem ácido e gás, é necessário um período de incubação mais longo. Este método é frequentemente utilizado em laboratórios de países em desenvolvimento, mas não é adequado para análises no terreno.

Quadro 2: Vantagens e desvantagens do método do número mais provável

Vantagens	**Desvantagens**
Pode ser utilizado em águas turvas	Os resultados demoram muito tempo
Bom para a deteção de um pequeno número de organismos	Grande volume de consumíveis
	É necessária formação para efetuar o teste.

2.4.2 Filtração por membrana.

Este método envolve a filtragem de volumes medidos da amostra através de um filtro de membrana com um tamanho de poro de 45µm. Os microrganismos ficam retidos na superfície do filtro. O filtro é então colocado numa almofada absorvente, que é embebida num meio de crescimento seletivo adequado (contendo lactose) numa placa de Petri, e é depois incubada a 44^0 C durante 24 horas. As bactérias crescem em unidades formadoras de colónias (ufc) no papel de filtro e podem ser contadas visualmente.

Tabela 3 : Vantagens e desvantagens dos métodos de filtração por membranas

Vantagens	**Desvantagens**
Os resultados são mais rápidos do que com o método de tubos múltiplos.	Não é adequado para utilização em águas turvas ou águas que contenham um pequeno número de agentes patogénicos desejados para a realização do teste.
Utiliza menos consumíveis do que o método de tubos múltiplos.	Oportunidades de contaminação.

2.4.3 Colilert/MUG

Um volume conhecido da amostra é adicionado a tubos de ensaio previamente preparados e selados. Em cada tubo encontra-se uma mistura contendo sais, azoto e fontes de carbono, bem como um indicador específico para E-coli e coliformes totais (MUG e ONPG). As bactérias não coliformes são suprimidas quimicamente.

Os tubos são incubados a 37^0 C. Em menos de 24 horas, os tubos positivos que contêm coliformes totais tornam-se amarelos e os tubos positivos que contêm E-coli fluorescem no escuro. O teste é confirmatório.

Quadro 4: Vantagens e desvantagens do método Colilert/MUG

Vantagens	Desvantagens
Pouco tempo necessário para produzir resultados confirmados (<24 horas)	Grande número de consumíveis
Teste simples de efetuar, não requer formação prolongada	O teste dos cinco tubos só indicará até >16 por 100 ml.
A esterilização não é necessária	Para determinar níveis mais elevados, é necessária uma diluição com água isenta de bactérias.
Não são necessários equipamentos adicionais, exceto uma incubadora, luz fluorescente.	
Os tubos podem ser armazenados à temperatura ambiente	

2.4.4 Dipslides

Este teste consiste num amostrador pré-preparado com uma pega de plástico, com um filtro de 0,45µm e uma almofada absorvente contendo meio nutriente desidratado, que é imerso na amostra. 1ml da amostra é passado através do filtro, e o amostrador resultante é incubado a 44^0 C durante 24 horas. Cada colónia representa 1 organismo por 1 ml (100 por 100 ml).

Quadro 5: Vantagens e desvantagens dos Dipslides

Vantagens	Desvantagens
Simples de utilizar e sem necessidade de formação	O método não é recomendado para contagens inferiores a 10 colónias por 100 ml.
A esterilização não é necessária.	
Equipamento adicional não necessário, exceto uma incubadora	Os Dipslides devem ser armazenados a 0-2 C^0

2.4.5 Petrifilm As placas Petrifilm da 3M são referidas em muitos laboratórios como os "Post-it Notes" da área da microbiologia. As placas Petrifilm da 3M são placas do tamanho de um cartão de jogo, prontas para a recolha de amostras, que permitem aos processadores de alimentos efetuar testes microbianos no local de forma fácil e eficiente. As placas podem ser utilizadas para testar matérias-primas e o ambiente da fábrica, bem como produtos acabados.

A 3M Petrifilm dispõe de várias gamas de placas para testes microbiológicos:

1. Placa de contagem de coliformes Petrifilm (PCCP)
2. Placa de contagem de coliformes de alta sensibilidade (HSCP)
3. Placa de contagem rápida de coliformes (RCCP)
4. Placa de contagem de E.coli e coliformes (ECCP)

Para além de um padrão de qualidade garantido pelo fabricante, o método Petrifilm permite melhores condições de trabalho para os utilizadores, das seguintes formas

1. Elimina o tempo de preparação dos meios, reduzindo assim para metade o tempo dos testes de rotina
2. Reduz a pressão do tempo, melhora a produtividade.
3. Permite uma maior flexibilidade na organização da atividade laboratorial.
4. Reduz a carga sobre a logística quotidiana do laboratório.
5. Reduz a necessidade de limpeza, menos desperdício.

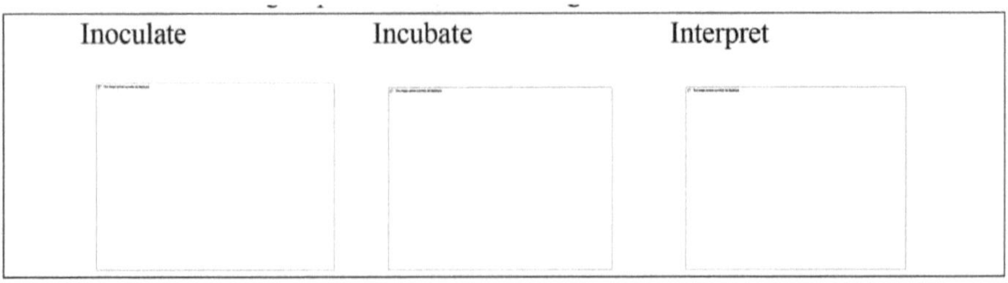

Figura 3: Procedimento experimental para o Petrifilm da 3M

Fonte: Arrow scientific (2006)

2.4.6 Procedimento do método 3M Petrifilm

1. Inoculação, muito fácil de inocular. Não é necessária qualquer preparação de meios.

2. Incubação, as placas de Petrifilm podem ser incubadas numa incubadora mais pequena. (Trata-se de uma questão de portabilidade).

3. Interpretação, basta contar as colónias. Os corantes indicadores facilitam a interpretação.

A principal desvantagem das placas de Petrifilm para testes ambientais é o pequeno volume (1 ml por amostra) que pode ser testado (Vail et al., 2003).

A placa para contagem rápida de coliformes 3M, com as seguintes caraterísticas, é desejável para o exame microbiológico.

1. Significa menos tempo à espera de resultados microbianos e, por conseguinte, mais tempo para aumentar a produtividade.

2. Reduz as rejeições e diminui os custos de produção.

3. Pode poupar muito tempo, dinheiro e frustração.

Com as Placas de Contagem Rápida de Coliformes 3M Petrifilm, é possível detetar uma contaminação coliforme "catastrófica" (>1000 unidades formadoras de colónias) em apenas 4-6 horas. Resultados mais rápidos permitem descobrir e isolar um potencial problema muito mais cedo. Após 6 horas, é possível identificar coliformes presumíveis. Após 8 horas, é possível identificar coliformes confirmados. As contagens de coliformes presuntivos podem ser enumeradas após 14 horas. As contagens totais de coliformes confirmados estão disponíveis após 24 horas.

O quadro seguinte mostra várias placas Petrifilm, com as suas propriedades.

Quadro 6: Diferentes opções de placas de Petrifilm

PCCP	Enumeração de coliformes (totais ou termotolerantes)	Leitura facilitada por um indicador que colore a vermelho +	A película superior retém o gás produzido pela fermentação da lactose

HSCP(série 2000)	Enumeração rápida de coliformes.	O indicador de pH muito sensível revela a produção de ácido pelas colónias em crescimento +	A aceleração do crescimento reduz o tempo de resposta -
	Enumeração de	Leitura	Inoculação de
RCCP	pequeno número de coliformes (< 11 ou 2 por grama)	vantagens (cores e gás idênticos aos do PCCP +	5 ml de amostra ou diluição da mesma ++
ECCP	Dois testes num só: contagem de E-coli e coliformes ++	Resultados em 24 a 48 horas -	Contém um indicador de β-glucuronidase para deteção de E. coli

2.4.7 NutriDisk

O NutriDisk é um meio desidratado para testes microbiológicos e, como tal, uma alternativa às tradicionais placas de algas. O NutriDisk permite efetuar identificações por contagem de colónias e determinações microbianas selectivas de forma particularmente fácil (Whatman, 2006).

Uma almofada de celulose é impregnada com uma base de nutrientes desidratada que se torna um meio nutritivo quando humedecida com água estéril. A almofada é um suporte estável que não altera o meio nutritivo, nem influencia o crescimento dos microrganismos de forma alguma. O crescimento é normalmente mais uniforme e mais rápido do que nas placas de nutrientes de ágar convencionais.

Este método apresenta as seguintes vantagens:

1. O NutriDisk é agora fornecido sem membranas, proporcionando assim uma maior flexibilidade na escolha da membrana necessária.

2. O NutriDisk está disponível com uma vasta gama de diferentes formulações de meios nutritivos para proporcionar um amplo espetro de aplicações que abrangem todos os campos da análise microbiológica.

3. O manuseamento simples, a montagem compacta e os meios nutritivos prontos a usar resultam num elevado grau de segurança contra a contaminação.

4. Se armazenado seco à temperatura ambiente, o NutriDisk tem um prazo de validade de um ano.

Hydrating the nutrient pad of NutriDisk

MI-Media: Pure Culture of *Escherichia coli* ATCC 25922 with UV Light

Figura 4: Os NutriDisks com meios preparados e resultados da deteção de E-coli

fonte: whatman (2006)

Estão a ser utilizados vários produtos NutriDisk padrão, mas os seguintes podem ser utilizados para o exame microbiológico da água (deteção de micróbios).

Quadro 7: Diferentes NutriDisks e suas caraterísticas

Azida NutriDisk	Meio seletivo para a deteção de estreptococos fecais na água, alimentos e outros materiais de teste. Nota: Os estreptococos formam pequenas colónias vermelho-escuras. Condições de incubação recomendadas: 24-48 horas a 37 °C Filtro de membrana recomendado: branco, quadriculado, 0,45 µm
Endo NutriDisk	Meio seletivo para a deteção de E. coli e bactérias coliformes na água, alimentos e outras substâncias (DEV, APHA). Nota: A E. coli desenvolve colónias vermelho-escuras com um brilho superficial metálico esverdeado. Condição de incubação recomendada: 24 horas a 35 °C Filtro de membrana recomendado: branco, quadriculado, 0,45 µm
M-FC	Meio seletivo para a deteção de E. coli e coliformes fecais na água,

NutriDisk	alimentos e outras substâncias. Nota: Regra geral, a E. coli desenvolve colónias azuis após 16 horas. Condições de incubação recomendadas: 16-24 horas a 44 °C Filtro de membrana recomendado: branco, quadriculado, 0,45 µm
Contagem de placas NutriDisk	Para a determinação da contagem de colónias em água, leite, alimentos, etc. (DLC, APHA). Condições de incubação recomendadas: 48-72 horas a 30 °C Filtro de membrana recomendado: verde, em grelha, 0,45 µm
TTC padrão - NutriDisk	Para a determinação da contagem de colónias em água e águas residuais, com cloreto de trifeniltetrazólio (TTC). Nota: Como todas as bactérias desenvolvem colónias cor-de-rosa (formação de formazano a partir do TTC), os testes de rotina são opticamente fáceis de avaliar. Condições de incubação recomendadas: 48-72 horas a 20 °C ou 48 horas a 30 °C Filtro de membrana recomendado: verde, em grelha, 0,45 µm
Tergitol-TTC NutriDisk	Meio seletivo para a deteção de E. coli e bactérias coliformes na água, alimentos e outras substâncias. Nota: Após 12-16 horas (reconhecimento precoce), a E. coli desenvolve pequenas colónias amareladas (mais tarde, cor de laranja) rodeadas por uma auréola amarela. Condições de incubação recomendadas: 12-24 horas a 37 °C Filtro de membrana recomendado: branco, quadriculado, 0,45 µm

Fonte: Whatman (2006)

2.5 Ensaios de campo e análises laboratoriais

2.5.1 Introdução

O acesso a água potável segura é essencial para a saúde, um direito humano básico e uma componente de uma política eficaz de proteção da saúde (OMS, 2004). Nas novas diretrizes para a qualidade da água potável elaboradas pela OMS em 2004, em todas as partes do mundo é um desafio garantir que a água potável é segura contra a contaminação, quer se trate de água canalizada para as casas das pessoas, de poços rurais ou de água fornecida a campos de refugiados numa situação de emergência.

As Diretrizes actualizadas da OMS para a Qualidade da Água Potável (GDWQ) ajudarão as entidades reguladoras e os fornecedores de serviços de água em todo o mundo a manter e melhorar a qualidade da sua água potável.

De acordo com a Dra. Kerstin Leitner, Diretora-Geral Adjunta da OMS para o Desenvolvimento Sustentável, as Diretrizes revistas permitirão que a gestão da saúde pública se concentre na prevenção da contaminação microbiana e química do abastecimento de água. A Dra. Leitner sublinhou que "esta nova abordagem exorta todas as partes que trabalham no abastecimento e controlo da água potável a agir de forma a reduzir ainda mais os surtos de doenças transmitidas pela água".

Tradicionalmente, as regulamentações sobre a água potável têm enfatizado o teste de amostras de água para níveis de contaminantes químicos e biológicos. Confiar nesta abordagem significa que os problemas só são detectados muito tempo depois de a água ser consumida: uma abordagem corretiva e não preventiva - as novas diretrizes sobre a qualidade da água potável; aplicação em contextos específicos, tais como emergências e catástrofes. Os testes de campo devem ser parte integrante do controlo e vigilância da qualidade da água, e a comunidade será envolvida no procedimento e no método.

2.5.2 Testes de campo

As análises de muitas variáveis físicas, químicas e microbiológicas importantes podem ser efectuadas no campo, utilizando aparelhos fabricados especificamente para utilização no campo (Bartram e Balance, 1996). A utilização de testes de campo é essencial na monitorização da qualidade da água para consumo humano. Os seguintes parâmetros devem ser medidos no campo: temperatura, transparência e pH (Bartram e Balance, 1996).

Os testes de campo são muito importantes para amostras que devem ser submetidas a análises microbiológicas em locais onde não é possível o armazenamento e o transporte para um laboratório dentro dos prazos estabelecidos.

Uma outra vantagem da análise no terreno é o facto de ser muito improvável que as amostras recolhidas percam as etiquetas que identificam a hora e o local de amostragem. Seria desastroso perder a identificação das amostras, se tivessem sido recolhidas muitas amostras.

Quando não existe um laboratório a uma distância razoável dos pontos de amostragem e recolha, a análise no terreno pode ser a única forma viável de obter informações sobre a qualidade da água.

Isto é muito importante para o funcionamento dos MSF, uma organização internacional de ajuda humanitária que presta assistência médica de emergência. Ela precisa e depende de testes de campo para a análise da água, especialmente sua qualidade microbiológica.

No entanto, as limitações da análise no terreno não devem ser ignoradas. Alguns métodos utilizados na análise de campo produzem resultados menos exactos do que os disponíveis num laboratório bem equipado (Bartram e Balance, 1996). Além disso, os limites de deteção e a reprodutibilidade das análises de campo serão frequentemente inferiores aos que são possíveis utilizando métodos laboratoriais.

2.5.3 Análises laboratoriais

O objetivo da análise laboratorial é obter dados exactos e precisos num ambiente seguro (DEH, 2000). Um laboratório bem equipado é um dos requisitos para a implementação de um programa de monitorização (Bartram e Balance, 1996). O espaço de escritório, o equipamento para o trabalho de campo, o transporte e o pessoal formado são também essenciais.

No entanto, não há forma de evitar a análise no terreno: algum trabalho analítico será inevitavelmente efectuado no terreno, utilizando kits de campo ou um laboratório móvel.

No laboratório, está previsto um programa de garantia e controlo da qualidade. O objetivo do programa é minimizar os erros que podem ocorrer durante a subamostragem e a medição analítica, e produzir dados exactos, fiáveis e aceitáveis para o utilizador dos dados (DEH, 2000).

A análise da qualidade da água é efectuada em condições laboratoriais rigorosas, em que as instalações facilitam o trabalho e o pessoal formado pode efetuar tanto o processamento como a análise das amostras (Toop, 2004). O laboratório tem procedimentos estabelecidos e de rotina que garantem o registo e a comunicação adequados dos resultados (Toop, 2004) e fornecem resultados fiáveis que podem ser devidamente documentados.

2.5.4 A necessidade de desenvolvimento e promoção de ensaios no terreno

As condições laboratoriais ideais, tal como acima salientadas, não são frequentemente possíveis nos países em desenvolvimento (Toop, 2004), porque estão sujeitas às seguintes limitações

1. Falta de instalações laboratoriais adequadas ou falta de fundos para criar e manter instalações laboratoriais adequadas.

2. Falta de técnicos formados para efetuar as análises.

3. Falta de fornecimento fiável de energia.

A localização e a distância do laboratório também podem ser outro problema ou obstáculo. Os locais das fontes de água estão muitas vezes longe destes laboratórios (se é que existem), criando assim custos de transporte adicionais. Além disso, as amostras que têm de ser transportadas por longas distâncias correm o risco de se deteriorarem. A preservação das amostras antes do transporte para o laboratório também é um problema. De acordo com Bartram e Balance (1996), "não existe um consenso claro sobre a melhor forma de preservar as amostras para análises específicas, a praticabilidade da preservação no terreno e o período de tempo durante o qual as amostras podem ser armazenadas sem se deteriorarem". Estes procedimentos podem consumir muito tempo e aumentar os custos. Por exemplo, as amostras engarrafadas devem ser protegidas contra a recontaminação, selando-as novamente e armazenando-as num ambiente limpo, fresco e escuro.

Os ensaios no terreno são também muito importantes para a gestão da saúde ambiental durante as catástrofes e as emergências. Um dos aspectos é a prestação de serviços de emergência de água e saneamento. Na maior parte das situações de emergência, a qualidade microbiológica da água é, de longe, a consideração mais importante (Davis e Lambert, 2001). Não é prático testar a água para todos os organismos causadores de doenças. No entanto, as "bactérias indicadoras" são normalmente utilizadas para determinar a contaminação das fontes e do abastecimento de água. Há necessidade de uma deteção rápida destas "bactérias indicadoras", utilizando um método de teste da qualidade da água relativamente acessível, portátil, eficiente e de fácil utilização.

Por conseguinte, é muito importante identificar kits de teste de campo adequados que possam ser transportados para áreas remotas, para testar a água no ponto de utilização e/ou na sua fonte. Esses métodos devem ser menos dependentes de uma fonte de energia. Esta é uma ideia de MSF, e o âmbito desta investigação.

2.6 Normas e políticas

A OMS é uma das várias instituições que trabalham no domínio do programa Água e Saneamento (WATSAN). A OMS produz normas internacionais sobre a qualidade da água e a saúde humana, sob a forma de diretrizes que são utilizadas como base para a regulamentação e a definição de normas nos países desenvolvidos e em desenvolvimento de todo o mundo.

O principal objetivo das Diretrizes da OMS para a Qualidade da Água Potável (GDWQ) é a proteção da saúde pública. Em 1984 e 1985, a OMS publicou a primeira edição das diretrizes, em três volumes que se destinavam a ser utilizados como base para o desenvolvimento de normas nacionais. Se forem corretamente implementadas, estas diretrizes garantirão a segurança do abastecimento de água potável através da eliminação, ou redução a uma concentração mínima, dos constituintes da água potável que se sabe serem perigosos para a saúde A segunda edição das diretrizes foi publicada em 1993 e considera muitos contaminantes da água potável não incluídos na primeira edição. Contém também valores de orientação revistos para muitos dos contaminantes incluídos na primeira edição: estes foram alterados em resultado de novas informações científicas.

Tanto os países em desenvolvimento como os desenvolvidos utilizaram a primeira e a segunda edições das Diretrizes da OMS para a Qualidade da Água Potável para regulamentar e estabelecer normas que garantam a segurança da água potável.

As diretrizes reconhecem que deve ser dada prioridade à garantia da segurança microbiana e fornecem valores de orientação para um grande número de perigos químicos (OMS, 2004).

A terceira edição das diretrizes da OMS (2004) incluiu orientações significativamente alargadas sobre como garantir a segurança microbiana da água potável através de um sistema abrangente de planos de segurança da água (PSA). As diretrizes também fornecem revisões de muitos produtos químicos e de muitos agentes patogénicos transmitidos pela água, para garantir a segurança microbiana da água potável, especialmente através de planos de segurança da água.

Um PSM é a forma mais eficaz de garantir que o abastecimento de água é seguro para consumo humano e que cumpre as normas sanitárias e outros requisitos regulamentares. Baseia-se numa avaliação de risco abrangente e numa abordagem de gestão de risco para todas as etapas de uma cadeia de abastecimento de água, desde a captação até ao consumidor (DWI, 2005).

De acordo com Howard (2003), o desenvolvimento de um PSM deve basear-se num conhecimento profundo das relações entre os factores de risco e os eventos de contaminação.

Como afirmou Howard, "isto pode ser conseguido através da utilização de avaliações bem concebidas da qualidade da água que forneçam melhores provas para apoiar a identificação de medidas de controlo, limites de desempenho, parâmetros de monitorização e procedimentos de verificação".

Algumas das suas recomendações constam de um artigo intitulado "Water safety plans for small systems: A model for applying HACCP concepts for cost-effective monitoring in developing countries" (Water Science & Technology, Volume 47 No 3, pp 215220). A formação dos operadores comunitários é fundamental para o sucesso de um PSM.

Se as comunidades estiverem envolvidas na monitorização e vigilância da qualidade da água, são necessários métodos de teste no terreno que possam ser facilmente utilizados e interpretados, e que sejam altamente selectivos para os parâmetros microbiológicos da água potável.

2.7 Desenvolvimentos recentes e métodos de deteção de coliformes totais e E-coli.

Recentemente, surgiram vários trabalhos que comparam diferentes métodos de deteção de Escherichia coli e coliformes. Existe uma necessidade de testes mais rápidos, sensíveis e específicos no exame microbiológico da água.

Os métodos tradicionais aprovados para a deteção de coliformes incluem a técnica de fermentação em tubos múltiplos (MTF) e a técnica de filtro de membrana (MF), utilizando diferentes meios específicos e condições de incubação. No entanto, estes métodos sofrem de limitações, tais como a duração da incubação, a interferência de organismos antagonistas, a falta de especificidade e a deficiente deteção de microrganismos de crescimento lento ou viáveis mas não cultiváveis (VBNC) (Rompré, 2002).

Vail et al. (2003) utilizaram Petrifilm para enumerar Escherichia coli de origem hídrica e compararam os resultados com métodos padrão. Verificaram que as contagens de E-coli em amostras de água ambiental enumeradas com Petrifilm eram significativamente superiores às contagens obtidas com outros métodos como o Colilert. O Petrifilm é um método simples de utilizar, que pode ser armazenado e é fiável e de custo relativamente baixo.

Niemela et al. (2003) investigaram a utilização do procedimento da Organização Internacional de Normalização (ISO) para a comparação de métodos microbiológicos. Concluíram que o Colilert é adequado para utilização no procedimento de referência ISO para a deteção de coliformes e E-coli na água.

Com base na investigação efectuada por Schraft e Watterworth (2005), podemos confiar na especificidade do Petrifilm. As amostras de água naturalmente contaminadas foram analisadas por filtração por membrana, de acordo com o Standard Methods for the Examination of Water and Wastewater.

Os filtros foram então incubados em paralelo em placas de contagem de mHPC-agar e 3M™ Petrifilm™ Aerobic (placas Petrifilm™ AC) para contagens heterotróficas. Os coliformes fecais e Escherichia coli foram enumerados em mFC-agar e em placas de contagem de coliformes 3M™ Petrifilm™ E. coli (placas Petrifilm™ EC).

Após a análise, verificou-se uma elevada especificidade das placas Petrifilm™ EC para a enumeração de coliformes fecais e E. coli na água.

Outro projeto interessante para testar a água foi desenvolvido pela B2P Ltd, Nova Zelândia. Envolve a incubação de uma garrafa com meios de crescimento na base. A garrafa com a amostra de água foi incubada no bolso, na mochila ou num local quente (aproximadamente 37^{0} C de temperatura corporal).

Os MSF conceberam esta ideia como uma alternativa ao Delagua, um método popular de teste da água que é relativamente caro, requer uma temperatura de incubação elevada e envolve demasiados procedimentos que exigem uma formação extensiva.

A investigação envolve a incubação de amostras utilizando a temperatura do corpo humano. Para determinar o grau de fiabilidade deste método, os resultados obtidos com os métodos Colilert e Petrifilm, utilizando o corpo humano, serão comparados com o método Delagua para ver se podem "competir" com este último e, assim, determinar se o corpo humano pode ser utilizado como incubadora para os dois métodos, Colilert e Petrifilm.

CHAPTER 3

3.1 INTRODUÇÃO

De um modo geral, a metodologia de investigação centra-se no fornecimento de ferramentas e técnicas a utilizar no processo de investigação. Estas ferramentas e técnicas diferem de disciplina para disciplina, com preconceitos específicos (Yenza, 2006).

Existem dois métodos: quantitativo e qualitativo. O primeiro implica a utilização de estatísticas, enquanto o segundo implica a utilização da experiência pessoal e da interpretação. Alguns investigadores tentam evitar um ou outro. Mas a integração das duas abordagens é aconselhável (Yenza, 2006), para que se possa ter uma textura rica de interpretação.

O projeto de investigação envolveu a utilização de métodos quantitativos e qualitativos para a recolha e interpretação de dados.

3.2 FASES DA INVESTIGAÇÃO

O projeto de investigação envolveu as seguintes etapas.

1 Fase preliminar.

2 Fase de laboratório.

3 Fase não laboratorial.

4 Fase de conclusão.

5 .3 FASE PRELIMINAR

Esta fase do projeto envolveu a revisão da literatura de publicações da Biblioteca Pilkington da universidade e do centro de recursos do WEDC. Também foi utilizada a Internet para recolher informações sobre: monitorização e avaliação da qualidade da água, diferentes métodos de exame microbiológico e métodos estatísticos para analisar experiências de qualidade da água.

Houve reuniões com a Sra. Rosie Cornish e o Dr. Richard Gadsden do Centro de Apoio à Aprendizagem da Matemática e decidimos os métodos estatísticos a utilizar para a análise dos dados, bem como com a Sra. Jayshree Bhuptani, química analítica/supervisora do Laboratório da Água do Departamento de Engenharia Civil e de Edifícios da Universidade de Loughborough, para a preparação de amostras e diluições.

6 .4 FASE DE LABORATÓRIO

Esta foi a fase mais importante do projeto. Era necessário adotar procedimentos experimentais cuidadosos e minuciosos, de modo a minimizar os erros. E obter resultados fiáveis

(a) O projeto envolveu o exame da qualidade microbiológica de amostras de água preparadas utilizando diferentes métodos, subsequentemente com um volume de amostra adequado. As experiências foram realizadas para detetar e enumerar os coliformes termotolerantes (coliformes feacais, principalmente Escherichia Coli) indicadores da existência de feaces humanas em qualquer amostra de água contaminada.

As soluções-tampão em anel de E-coli viva foram preparadas no laboratório com a ajuda da Sra. Jayshree Bhuptani em três níveis de diluição.

Após várias tentativas de deteção e contagem a partir de amostras preparadas, a fim de obter os três níveis de diluição para a investigação: Diluições de nível baixo (3rd) (0-10cfu/100ml), nível médio (2nd) (10-100cfu/100ml) e nível alto (1st) (>100 cfu/100ml), utilizando Delagua e Petrifilm.

Tabela 8: Nível recomendado de contaminação utilizado por MSF em situações de emergência

Nível de contaminação	Observação/Ação
<10 ufc/100ml	OK
10-100cfu/100ml	Tratar, se possível, mas pode ser consumido tal como está
100-1000cfu/100ml	Deve ser tratado
>1000cfu/100ml	Rejeitado ou muito mal tratado

Os três níveis de diluições utilizados durante as experiências laboratoriais basearam-se no padrão utilizado pelos MSF durante as emergências, como se mostra no Quadro 8 acima.

1.4.1 Procedimento para a preparação das diluições.

1. Diluição de 10μl de E-coli viva em 450ml de solução tampão de Ringer, a que se

chama stock.

2. Diluição de 4,5 ml de stock em 4500 ml de solução tampão de ringer para produzir um nível baixo

(3rd) diluição.

3. Diluição de 45 ml da solução-mãe em 4500 ml de solução-tampão em anel para obter uma diluição de nível médio (2nd).

4. Diluição de 450 ml da solução-mãe em 4500 ml de solução-tampão em anel para produzir uma diluição de alto nível (1st).

5. O stock e as amostras preparadas foram mantidos no frigorífico para evitar o crescimento e a multiplicação da E-coli, enquanto a solução tampão de ringer manteve a E-coli viva.

A partir destas diluições, foram utilizados os três métodos - Delagua, Colilert e Petrifilm - com os seus procedimentos normalizados para detetar e enumerar a E-coli viva diluída nas amostras de água. Para cada diluição, foram efectuadas 20 experiências com cada método.

Durante esta fase, para além dos resultados recolhidos para análise, foi avaliada a facilidade de utilização dos diferentes métodos e a portabilidade.

(b) Todas as etapas dos procedimentos experimentais, o tempo para completar um procedimento e o tempo para obter os resultados foram anotados e registados para cada método

7 .5 FASE NÃO LABORATORIAL

A fase envolveu a revisão da literatura sobre os três métodos diferentes e a obtenção de informações sobre o custo, o peso e a portabilidade dos métodos:

1 . A revisão da literatura foi efectuada ao longo da investigação, recorrendo a livros de texto relevantes, à Internet e às revistas British Medical, Applied and Environmental Microbiology.

2 . Avaliação e análise dos custos.

3 Comparação dos pesos e dimensões dos métodos, os pesos de cada método e as dimensões foram anotados nas especificações do fabricante.

4 .5.1 Avaliação dos custos dos diferentes métodos

Há uma variedade de abordagens à análise de custos, cuja adequação depende do objetivo de uma avaliação e da disponibilidade de dados e outros recursos. Raramente é possível ou necessário identificar e quantificar todos os custos e todos os benefícios (ou resultados), e as unidades utilizadas para os quantificar podem ser diferentes. (NLM, 2006)

O custo é definido como o valor de que se deve abdicar para adquirir um bem ou serviço (About, 2006) e é também definido como "O total de dinheiro, tempo e recursos associados a uma compra ou atividade" (Investor words, 2005). Por conseguinte, para facilitar a avaliação e a comparação, as avaliações dos custos basearam-se nos custos de capital e de consumíveis.

O custo de capital é o custo da encomenda e da entrega de cada método (Delagua, Colilert e Petrifilm), enquanto o custo dos consumíveis é o custo de outros materiais utilizados ou envolvidos nas experiências, como reagentes, desinfectantes, esterilização, lavagem e alimentação eléctrica.

De acordo com Naganathan et al., 1974, embora os princípios gerais de cálculo dos custos em qualquer domínio sejam os mesmos, as peculiaridades de cada sistema têm de ser bem compreendidas antes de se desenvolver o procedimento de cálculo. O relatório refere ainda que "no caso de um laboratório bacteriológico, o cálculo dos custos não é efectuado para qualquer produto fabricado, mas para vários exames realizados". Podem existir vários métodos para efetuar estes exames e é imperativo definir previamente os métodos a seguir.

Há três factores que contribuem para a estrutura de custos de qualquer produto manufaturado ou serviço prestado: despesas gerais, custo dos materiais e da mão de obra. No caso do laboratório bacteriológico, além disso, são necessárias certas instalações essenciais como a câmara frigorífica, a sala de incubação, o fornecimento de gás, a lavagem e esterilização e a preparação de meios, e o custo da disponibilização destas instalações também contribui para o custo das várias operações ou exames efectuados (Naganathan et al.,1974).

Para esta investigação, foram utilizados os custos de 1000 amostras para cada método para a avaliação comparativa. No entanto, os seguintes itens contribuem para o custo total global: preparação dos meios, esterilização, reagentes, acessórios como a luz UV e o colete personalizado para a incubação do corpo, que podem afetar o custo total.

5 .5.2 Outras avaliações

Para além das avaliações acima mencionadas, é muito importante considerar estas duas outras - Portabilidade e Durabilidade, porque afectam o funcionamento durante as emergências, o transporte, o manuseamento e o armazenamento dos métodos durante as emergências. Os dois foram utilizados para avaliações comparativas.

6 .5.2 (a) Portabilidade

O termo é definido pela Encarta como: fácil de deslocar, concebido para ser suficientemente leve ou compacto para ser transportado ou deslocado facilmente de um sítio para outro. A partir destas definições, verifica-se que a portabilidade é uma função do peso e das dimensões. Isto significa que a portabilidade deve ser considerada, durante situações de emergência, como é fácil transportar os métodos e transportar os métodos no terreno. Para comparar a portabilidade, os pesos e as dimensões de cada método foram medidos durante a investigação.

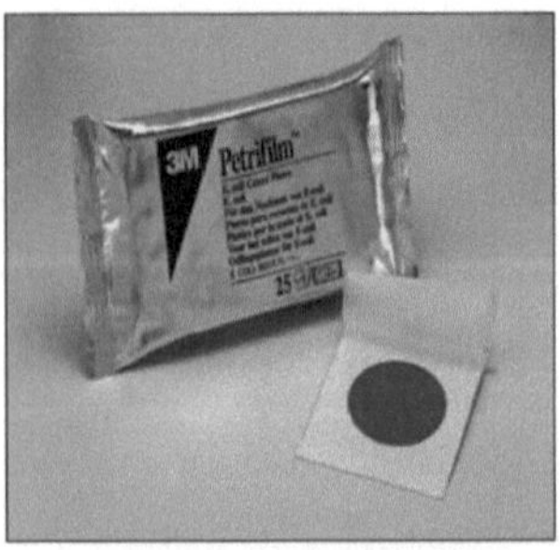

A pack of 50 Petrifilm Plates
Source: 3M (2006)

Oxfam Delagua kit
Source: Robbens (2006)

Figura 5: Comparação visual dos pesos dos métodos Delagua e Petrifilm

A partir das duas figuras acima, é possível dizer algo sobre a sua portabilidade e a facilidade de manuseamento em situações de emergência, bastando comparar as duas.

3.5.2 (b) Durabilidade

De acordo com as várias definições, a durabilidade pode ser vista como um termo económico ou físico. Em termos económicos, define-se como: capaz de durar: durar muito tempo, especialmente sem sofrer danos ou desgaste. Num termo físico, a durabilidade tem a ver com dureza, força, robustez, estabilidade, resistência, indestrutibilidade.

A partir das duas definições, a durabilidade tem a ver com o tempo de vida e com o grau de delicadeza dos métodos ou dos seus acessórios e com o valor que podem dar pelos seus custos, o que, na minha opinião, é difícil de conseguir. Qual deles precisa de ser refrigerado e a que temperatura? Depois, entra a questão da alimentação eléctrica, se for necessária uma determinada temperatura para o seu armazenamento.

Para quantificar a durabilidade, é utilizado o prazo de validade de cada método para atribuir valores, que é medido em anos. A portabilidade é classificada entre os métodos de 1 a 10, à discrição,

e pela experiência do autor durante a investigação, sendo 1 o método menos portátil e 10 o método mais portátil.

3.6 FASE DE CONCLUSÃO

Os resultados das experiências laboratoriais foram compilados para análise e avaliação, utilizando várias técnicas e ferramentas estatísticas, e são enumerados a seguir.

3.6.1 Estatísticas descritivas

As estatísticas descritivas são utilizadas para descrever as caraterísticas básicas dos dados de um estudo. Fornecem resumos simples sobre a amostra e as medidas. Juntamente com a análise de gráficos simples, constituem a base de praticamente todas as análises quantitativas de dados. Reduzem uma grande quantidade de dados a um resumo mais simples e fornecem um resumo que permite comparações entre os resultados dos métodos.

As seguintes caraterísticas dos resultados de cada diluição de cada método foram analisadas e comparadas da seguinte forma:

1. A distribuição (Distribuição de frequências, Histograma e Gráfico de barras)
2. A tendência central (média, mediana e moda)
3. A dispersão (desvio padrão, variância)

3.6.2 Estatística inferencial

O teste t é uma técnica útil para comparar valores médios de dois conjuntos de números. A comparação fornecerá uma estatística para avaliar se a diferença entre duas médias é estatisticamente significativa.

Os testes T podem ser utilizados para comparar dois grupos independentes (teste t de amostras independentes) ou para comparar observações de duas ocasiões de medição para o mesmo grupo (teste t de amostras emparelhadas). Para realizar um teste t, os dados devem ser uma amostra retirada de uma distribuição subjacente contínua. Se estiver a utilizar o teste t para comparar dois grupos, os grupos devem ser retirados aleatoriamente de populações independentes e normalmente distribuídas. Antes da realização do teste t, todos os resultados são transformados em log

3.6.3 Curvas ROC (Receiver Operating Characteristic)

A curva ROC é uma técnica gráfica utilizada para medir o desempenho do método Colilert Presença/Ausência (P/A), no corpo humano e na incubadora. É adaptada dos princípios básicos dos testes de diagnóstico: gráficos de caraterísticas de funcionamento do recetor para testes clínicos, onde se classificam os doentes em dois grupos de acordo com a presença ou ausência de um sintoma ou sinal (Altman e Bland, 1994).

Obtém-se uma curva ROC calculando a sensibilidade e a especificidade de cada um dos valores de dados observados e traçando um gráfico da sensibilidade em relação à especificidade. A sensibilidade e a especificidade, que são definidas como o número de decisões verdadeiramente positivas/número de casos efetivamente positivos e o número de decisões verdadeiramente negativas/número de casos efetivamente negativos, respetivamente, constituem as medidas básicas de desempenho dos testes Colilert P/A. Se os resultados de um teste pertencerem a uma de duas categorias óbvias, como a presença ou ausência de E-coli, o teste terá apenas um par de valores de sensibilidade e especificidade

Os resultados são depois representados num gráfico utilizando o software SPSS. A curva resultante é traçada do canto inferior esquerdo para o canto superior direito, o que pode ser interpretado da seguinte forma. Quanto mais próximo o gráfico estiver do canto superior esquerdo, melhor será o desempenho.

3.6.4 Técnicas de tomada de decisão com critérios múltiplos (MCDM)

Esta técnica faz-nos lembrar o Analytic Hierarchy Process (AHP), um método para formalizar a tomada de decisões quando existe um número limitado de escolhas, mas cada uma tem um número de atributos e é difícil formalizar alguns desses atributos.

É um processo de tomada de decisão poderoso e flexível que ajuda as pessoas a definir prioridades e a tomar a melhor decisão quando é necessário ter em conta os aspectos qualitativos e quantitativos de uma decisão.

Os decisores efectuam então juízos de comparação simples entre pares ao longo da hierarquia para chegar a prioridades globais para as alternativas.

Neste relatório, é utilizada uma técnica MCDM para analisar o processo experimental, para o resumo de todas as avaliações e para classificar o método.

3.6.5 Análise de dados

Define-se como "O processo de aplicar sistematicamente técnicas estatísticas e lógicas para descrever, resumir e comparar dados" (CDC, 2005).

Existem várias ferramentas e técnicas estatísticas comprovadas e bem conhecidas que podem ser utilizadas. Mas, devido a limitações de tempo, as análises foram efectuadas em duas partes:

1. Determinação da exatidão dos resultados das experiências laboratoriais e comparação dos diferentes métodos
2. Classificação geral dos métodos que utilizam diferentes factores e variáveis

3. 6.5 Exatidão e comparação dos métodos a partir de resultados experimentais

Com o Statistical Package for the Social Sciences (SPSS), os três métodos foram comparados para determinar o seu nível de exatidão e especificidade na deteção de E-coli. As técnicas estatísticas utilizadas para a comparação são uma ANOVA de 2 vias combinada com LSD e Scheffe.

Uma ANOVA (Análise de Variância), por vezes designada por teste F, é um teste que mede a diferença entre as médias de dois ou mais grupos. A ANOVA pode mostrar se existem efeitos principais significativos das variáveis independentes e se existem efeitos de interação significativos entre variáveis independentes num conjunto de dados. A ANOVA é uma técnica geral que pode ser utilizada para testar a hipótese de que as médias de dois ou mais grupos são iguais, partindo do pressuposto de que as populações amostradas são normalmente distribuídas. Nesta investigação, a ANOVA testará se não existe uma diferença significativa entre os três métodos de Delagua, Colilert e Petrifilm para detetar E-coli na amostra de água. Os cálculos foram efectuados sobre os resultados utilizando o software estatístico.

As análises foram efectuadas em três fases:

1. Calcule o logaritmo de todos os resultados: Isto permitirá obter uma distribuição log-normal. Em muitos casos, os resultados obtidos da análise não serão normalmente distribuídos, ou seja, terão um gráfico de dados obviamente enviesado (Standard methods, 1984). A média, a mediana e a moda são nitidamente diferentes. Para obter uma distribuição quase normal, todos os resultados foram convertidos em logaritmos.

2. Calcular a diferença entre o logaritmo dos resultados e o logaritmo das diluições reais; quanto mais nulos forem os resultados da diferença, mais exactos serão os resultados.

3. Com a análise post-hoc, os resultados de 3 níveis de diluições foram

comparados com os três métodos e os resultados foram interpretados.

3.7 PROCEDIMENTOS LABORATORIAIS

3.7.1 Introdução

O objetivo da experiência é utilizar diferentes métodos (Delagua, Colilert e Petrifilm) para examinar e detetar E-coli numa amostra de água preparada no laboratório. Foi utilizada a Escherichia Coli, que é um indicador de contaminação fecal na água, tornando-a insegura para consumo humano, a menos que seja tratada para remover os agentes patogénicos.

Existem diferentes procedimentos, abordagens e várias técnicas para estes diferentes métodos. Estas técnicas foram utilizadas para examinar os parâmetros microbiológicos da água: - A fermentação em tubos múltiplos e a técnica de filtração por membrana.

3.7.2 A fermentação em tubos múltiplos

Quando são utilizados vários tubos na técnica de fermentação, os resultados do exame dos tubos replicados e das diluições são comunicados em termos do número mais provável (NMP) de organismos presentes.

Este número é uma estimativa da densidade média de coliformes na amostra. A técnica envolve o teste inicial que é presuntivo porque as reacções de ácido e gás (ou crescimento/não crescimento, respetivamente) podem ser causadas por organismos diferentes dos seres selecionados (isto é, de origem fecal ou não). Os tubos presuntivos são confirmados por testes adicionais utilizando meios de confirmação e diferenciais. A presença de gás, indicativa das caraterísticas que definem os coliformes, é designada por "resultados positivos". Os resultados positivos em meios tubulares do teste confirmado para o indicador específico são utilizados para estimar, com a ajuda de tabelas de probabilidade, o NMP de bactérias indicadoras na amostra original.(Boothman, S. Mansfield, J. Weston, L. (2002).

3.7.3 Técnica de filtração por membrana

Normalmente, o número de bactérias presentes numa amostra de água é muito superior ao que pode ser contado de forma fiável por qualquer método microbiológico, pelo que a amostra tem de ser diluída até um nível que possa ser contado de forma fiável. As amostras foram preparadas para três níveis de 10^{-3} , 10^{-2} e 10^{-1} , (<10 ufc/100ml, 10-100 ufc/100ml e >100 ufc/100ml). Os números presumivelmente reais de E-coli utilizados são 10, 100 e 135, que se enquadram nas três categorias acima referidas.

A filtração por membrana é uma técnica através da qual as bactérias podem ser separadas de uma amostra de água utilizando um filtro de membrana. Utilizando meios específicos e incubando a temperaturas específicas durante períodos de tempo específicos, estas bactérias, normalmente invisíveis a olho nu, podem crescer e formar colónias que são visíveis a olho nu e podem ser contadas. Devido a limitações de tempo e ao facto de a E-coli ser a principal preocupação em termos de risco para a saúde humana, o projeto centra-se apenas na deteção de Escherichia Coli (E-coli)

3.8 MÉTODOS DE EXAME MICROBIOLÓGICO

3.8.1 Método Delagua

O método Delagua é muito popular e está a ser utilizado pelos MSF. Nesta investigação, é utilizado como controlo para outros métodos.

Geralmente, com o método, um volume medido de amostra é filtrado através do filtro de membrana do Delagua com um tamanho de poro de 45μm. Os microrganismos são retidos na superfície do filtro. O filtro é então colocado sobre uma almofada absorvente que foi embebida num meio de crescimento seletivo adequado (contendo lactose) numa placa de Petri, seguida de incubação a 44^0 C durante 24 horas.

As bactérias crescem em colónias no papel de filtro e são contadas visualmente, com a luz incidente ou com a ajuda de uma lente manual.

Figura 6: Os elementos necessários para utilizar o método Delagua

Fonte: Adegbite (2006)

Durante o projeto, com o método Delagua, o procedimento das experiências laboratoriais foi dividido em fases, assumindo que o exame microbiológico foi realizado em condições de ensaio no terreno.

As fases são:

1. Preparação de meios; caldo de lauril sulfato de membrana (MLSB) e
2. Filtração por membrana.

3.8.2 Preparação do caldo de lauril sulfato de membrana (MLSB)

Procedimento:

1. Adicionar um pouco de água ao lume para ferver.
2. Medir 10 cubos de pó de MLSB para o tubo de caldo.
3. Adicionar água fervida ao pó de MSLB no tubo até obter uma

nível adequado marcado na parte lateral do tubo.

4. Tapar o tubo e agitar o conteúdo para que se dissolva.
5. Deixar arrefecer o MLSB cor de laranja preparado.

3.8.3 Filtração por membrana das amostras.

Procedimento

1. A diluição da amostra preparada é bem agitada e rotulada sempre que as amostras de água são medidas.
2. As placas de Petri foram etiquetadas no fundo com o número da amostra, a data e as diluições. A etiquetagem foi feita no fundo para que, mesmo que as tampas fossem trocadas, ficasse claro qual era o conteúdo da placa e o número da amostra.
3. As placas de Petri foram desinfectadas com um pouco de metanol e queimadas.
4. Adicionar uma almofada de membrana absorvente pré-esterilizada à placa de Petri.
5. Adicionar 2 ml de caldo MLSB à placa para embeber a almofada de membrana. As placas foram bem tapadas, para evitar a contaminação por bactérias presentes no ar, e colocadas de lado.
6. Desinfetar as pontas das pinças de ponta romba mergulhando-as numa garrafa de álcool, flamejando e arrefecendo.
7. Utilizando as pinças esterilizadas e flamejadas, foi colocado um filtro de membrana branca no leito de suporte, com o lado da grelha para cima, do aparelho de filtração. O funil foi então aparafusado de novo no leito de suporte, tendo o cuidado de não cruzar a rosca e também de não aparafusar com tanta força que o filtro de membrana ficasse dobrado. A pinça foi novamente inflamada, apagada e colocada de novo no álcool.

8. Adicionar a solução de amostra ao aparelho de filtração, até à marca indicada na parte lateral do aparelho, equivalente a 100 ml.

9. Ao bombear suavemente o vácuo, a água foi arrastada através do filtro de membrana para o frasco, deixando os micróbios no filtro de membrana. Em seguida, agitar bem o aparelho de filtração para garantir a passagem de toda a água. Desligar o vácuo.

10. Desmontar o aparelho de filtração e retirar o filtro de membrana. A pinça flamejante foi utilizada para levantar cuidadosamente o filtro de membrana do leito de suporte e colocá-lo sobre uma almofada de membrana embebida em MLSB, com o lado da grelha para cima, sem criar bolhas de ar - a melhor forma de o fazer foi colocar uma extremidade do filtro de membrana sobre o meio e, em seguida, enrolar o filtro de membrana para baixo, de modo a que ficasse totalmente plano sobre o meio.

10. Voltar a colocar a tampa da placa de Petri.

11. Deixar a placa de Petri com a membrana no exterior à temperatura ambiente durante 4 horas antes de a colocar na incubadora. Assim, as bactérias podem aclimatar-se ao meio nutritivo.

12. Estas placas foram incubadas durante 18-24 horas a 44,5° C, após o que o número de colónias amarelas foi contado.

13. Após a incubação, contar as colónias, neste caso colónias de E-coli.

14. Converter as colónias de E-coli registadas no valor padrão de 100cfu

(Número de colónias por 100 ml = [(número de colónias)/volume filtrado]) x 100

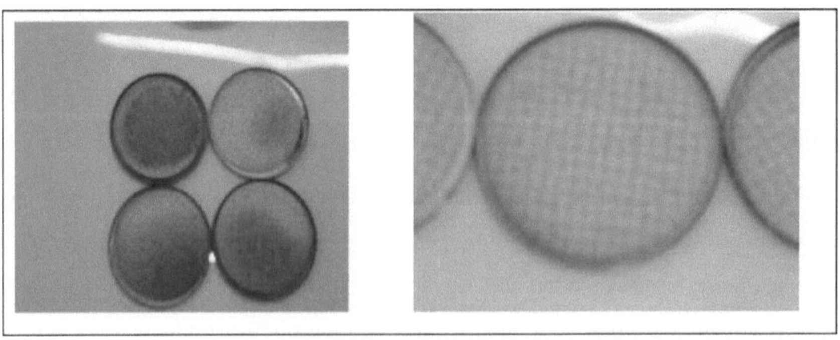

Figura 7: E-coli detectada pelo método Delagua (cores rosadas devido à diminuição da temperatura)

Fonte: Adegbite (2006)

3.8.4 Método Colilert

Utiliza a tecnologia patenteada de substrato definido (DST) para detetar simultaneamente coliformes totais e E-coli. Esta abordagem é diferente dos meios tradicionais, que fornecem um ambiente rico em nutrientes que suporta o crescimento de organismos-alvo e não-alvo.

Um volume medido da amostra é adicionado aos tubos de ensaio previamente preparados e selados. Em cada tubo encontra-se uma mistura que contém sais, fontes de azoto e de carbono e um indicador específico para E. coli e coliformes totais (MUG e ONPG). As bactérias não coliformes são quimicamente suprimidas. Os tubos são incubados a 35^0 C. Em menos de 24 horas, o teste pode ser confirmado. Os tubos que contêm coliformes totais ficam amarelos e os tubos que contêm E-coli ficam fluorescentes no escuro.

3.8.5 Presença / Ausência (P/A) por Colilert-18/ Procedimento

Figura 8: O procedimento Colilert P/A

Fonte: IDEXX (2006)

1 . Adicionar o reagente à amostra e incubar durante 24 horas

2 Para verificar a fluorescência de cada tubo, colocou-se uma lâmpada UV de 6 watts a cinco centímetros em frente do tubo, virada para longe dos olhos e na direção do tubo

3 Ler os resultados: Incolor indica negativo e a cor amarela com fluorescência confirma a presença de E-coli.

3.8.6 Técnicas MPN/ Procedimento

1. Seleção de 10 tubos para o ensaio
2. Cada tubo Colilert foi enchido assepticamente com 10 ml de amostra de água
3. Tapar bem os tubos
4. O reagente foi dissolvido por mistura vigorosa e por inversão repetida
5. Os tubos inoculados foram incubados a 35° C durante 24 horas.
6. Após 24 horas, cada tubo foi comparado com o comparador de cor.

Se não for observada cor amarela, o teste é negativo para E-coli e coliformes totais.

7. Para verificar a fluorescência de cada tubo, colocou-se uma lâmpada UV de 6 watts a cinco centímetros em frente do tubo, virada para longe dos olhos e na direção do tubo.
8. A fluorescência foi observada num ambiente escuro; a presença de E-coli foi confirmada.
9. A concentração de E-coli por 100 ml é determinada comparando o número de tubos positivos com o gráfico de probabilidade padrão MPN (Número Mais Provável) apresentado abaixo.

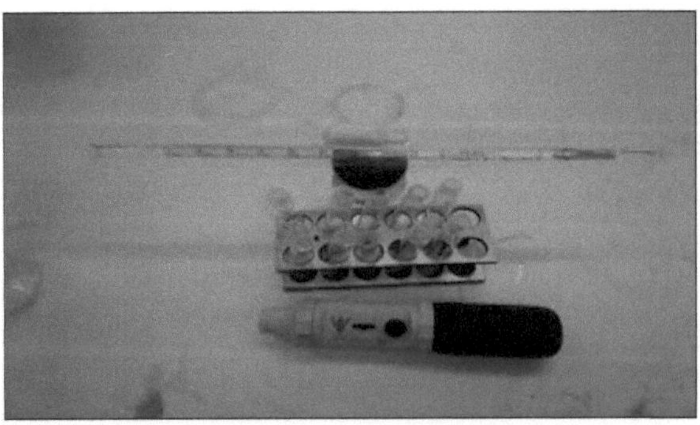

Figura 9: Materiais utilizados para o método NMP Colilert

Fonte: Adegbite (2006)

3.8.7 Procedimento de diluição do NMP Colilert

1. Depois de adicionar o pacote de pó Colilert à amostra de 100 ml.

2. Transferir assepticamente 10 ml da mistura amostra/meio para 10 tubos de ensaio individuais esterilizados.

3. Estes 10 tubos com 10 ml de amostra/meio são então incubados durante o período de tempo adequado.

4. Após a incubação, conta-se o número de tubos amarelos e amarelos/fluorescentes.

5. O NMP (Número Mais Provável) seria obtido através da utilização da seguinte tabela NMP

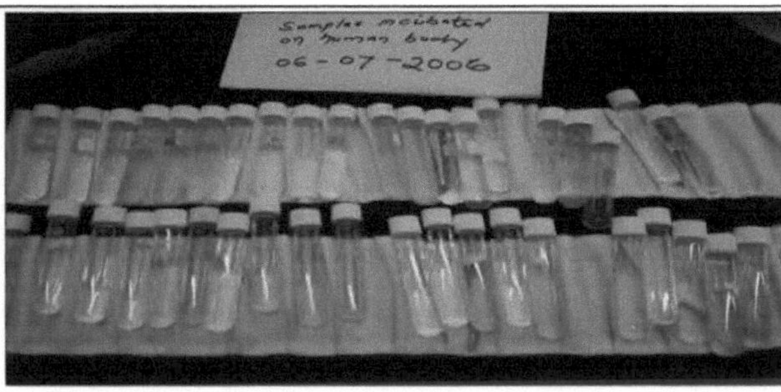

Figura 10: Resultados confirmados de Colilert MPN do corpo humano com amostras em branco (cores amarelas claras)

Fonte: Adegbite (2006)

3.8.8 Método Petrifilm

As placas Petrifilm são um produto pronto a utilizar. Os meios de cultura são revestidos em películas, pelo que a preparação tradicional dos meios de cultura é desnecessária e permite poupar tempo e mão de obra. A E. coli e outros coliformes podem ser enumerados nas placas Petrifilm E. coli Count (EC).

O método utiliza placas de cultura bacteriana contendo meio seco e um agente gelificante solúvel em água fria. Quando se aplica pressão à espátula de plástico colocada sobre a película de cobertura, a amostra espalha-se ao longo de 20 cm^2 . Deixa-se o agente gelificante solidificar e as placas são então incubadas e contadas.

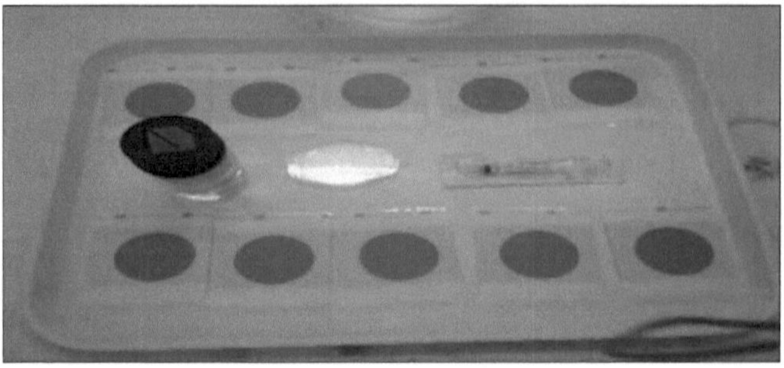

Figura 11: Elementos necessários para o método Petrifilm

Fonte: Adegbite (2006)

Os três elementos necessários para este método, apresentados na figura 10 (as placas, a seringa utilizada para inocular a amostra e a espátula), tornam-no muito simples de utilizar.

3.8.9 Procedimento Petrifilm

1. Levantar a película superior e inocular cuidadosamente 1 ml de amostra no centro da película inferior.

2. Substituir a película superior. Enrolar cuidadosamente a película superior para baixo para evitar a formação de bolhas de ar

3. Distribuir a amostra uniformemente utilizando uma pressão para baixo no centro do espalhador de plástico, com o lado plano para baixo. Não deslizar a espátula sobre a película. Deixar a placa sem mexer durante pelo menos 1 minuto para permitir que o gel solidifique.

4. Incubar as placas numa posição horizontal com o lado transparente para cima em pilhas à temperatura de 350C durante 24 horas

5. Contar as placas imediatamente após o período de incubação com um contador de colónias padrão ou com um iluminador de aumento para facilitar a contagem.

6. As colónias azuis associadas ao gás são confirmadas como E. coli.

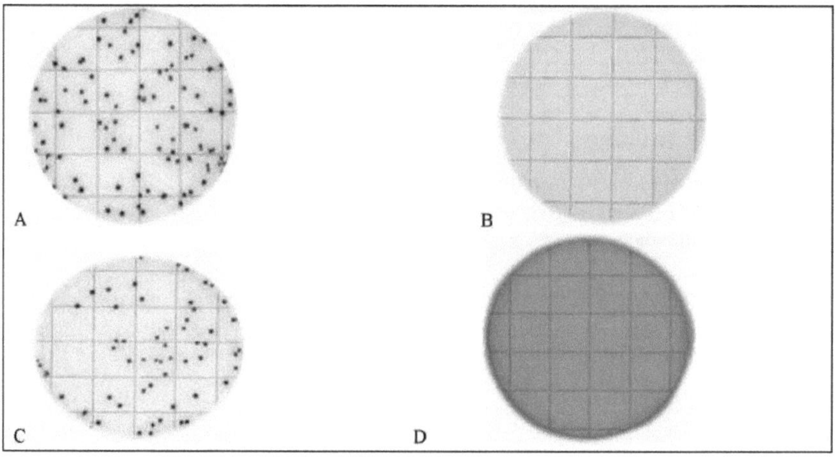

Figura 12: Guias de interpretação dos resultados do método Petrifilm

Fonte: 3M, 2005

Uma placa de contagem de E-coli permite a deteção específica de E-coli (colónias verde-escuras a verde-azuladas).

B As colónias que não são E-coli são difíceis de ver porque são incolores a cinzento claro - bege.

C Não contar as colónias na espuma, uma vez que estas são removidas da influência selectiva do meio.

D Concentrações elevadas de E-coli fazem com que toda a área de crescimento se torne azul-esverdeada.

3.8.10 Métodos Colilert e Petrifilm (Incubados em corpo humano).

Com o objetivo de melhorar o procedimento, o tempo e o processo de exame da água, especialmente o parâmetro microbiológico durante emergências e catástrofes, os MSF estão interessados em utilizar a temperatura do corpo humano para incubar amostras de água com os métodos Colilert e Petrifilm.

A utilização do corpo humano para incubar bactérias, no terreno, durante situações de emergência, é provavelmente possível devido à seguinte razão:

1. Gama de temperaturas mais baixas de 35^0 C dentro da temperatura do corpo humano
2. Não necessita de fonte de alimentação

3. Fácil leitura e interpretação dos resultados

4. Não é necessário transportar a amostra para longe para análise

Atualmente, os MSF utilizam o método Delagua, o mais popular. Mas tem algumas limitações, especialmente o uso durante a emergência.

1. Materiais volumosos

2. As colónias que crescem em meios nem sempre são selectivas

3. Procedimento de preparação longo e complicado

4. Necessidade de formação.

1.1.11 Procedimento de incubação do corpo humano

1. É fornecido um colete personalizado para manter as amostras junto ao corpo. No início da experiência, o colete personalizado é colocado na horizontal e aberto numa superfície limpa.

2. Para cada experiência, foram preparadas 5 películas de Petrifilm como acima descrito e colocadas no interior do colete.

3. Em seguida, 5 amostras para testar a presença/ausência (P/A) por Colilert-18

4. E 50 amostras de técnicas Colilert MPN

5. Com um total de 60 amostras, o colete foi colocado pelo Adegbite durante 24 horas.

6. Na manhã seguinte, o colete foi retirado, as amostras foram retiradas por ordem e colocadas em Petrifilm, Colilert (Presença/Ausência) e Colilert MPN.

7. E as leituras foram efectuadas uma após a outra.

1.1.12 Métodos de amostragem

O exame microbiológico é o teste mais sensível para a deteção de poluição fecal recente e potencialmente perigosa, fornecendo assim uma avaliação higiénica da qualidade da água com elevada sensibilidade e especificidade. (Gabinete Regional da OMS para o Sudeste Asiático, 2001).

Para qualquer exame microbiológico, os procedimentos normais de amostragem são os seguintes

1. Retirar da torneira os acessórios, como bocais, tubos, etc. Verificar se a torneira não tem fugas e se todos os vedantes estão em bom estado.

2. Limpar cuidadosamente a boca da torneira com um pano ou um lenço de papel limpo para remover qualquer sujidade ou gordura. Abra a torneira e deixe-a a correr durante pelo menos um minuto antes de recolher uma amostra. Isto assegura que quaisquer depósitos nos canos sejam lavados.

3. Recolher uma amostra de água com o copo de vácuo não esterilizado. Analisar a amostra quanto aos níveis de cloro residual e de turvação.

4. Se os resultados do cloro residual e da turvação sugerirem, colher uma segunda amostra para análise bacteriológica utilizando o copo de amostra esterilizado. Em seguida, tratar a amostra de água, se necessário, para a libertar do cloro residual na água potável, neutralizando-a com tiossulfato de sódio (1 ml de uma solução a 10% por litro de água).

Os procedimentos acima referidos não foram seguidos durante esta investigação porque foram utilizadas amostras de água destilada, a fim de não introduzir quaisquer coliformes químicos ou outros coliformes nas amostras de água que pudessem afetar os resultados.

1.1.13 Número de amostras

Em seguida, o volume de amostra necessário para cada método foi retirado da água diluída com E-coli preparada para as experiências com base nos requisitos do fabricante

Quadro 9: Guias de interpretação dos resultados do método Petrifilm

Métodos	Volume de amostras necessário para um ensaio
Delagua	100ml
Colilert (P/A)	10ml
Colilert (MPN)	100ml
Petrifilm	1ml

Os resultados do Petrifilm devem ser convertidos em ufc/100ml, a unidade padrão para a medição de E-coli é ufc/100ml. O Colilert (P/A) não tem qualquer unidade, serve apenas para indicar a presença ou ausência de E-coli.

Quadro 10: Número total de amostras para cada método

Método	Número de amostras/diluição
Delagua (44^0 C e 37^0 C)	20
Colilert (P/A) na incubadora	20
Colilert (P/A) no corpo humano	20
Colilert (NMP) em incubadora (10 tubos/ensaio)	200
Colilert (NMP) no corpo humano (10 tubos/ensaio)	200
Petrifilm na incubadora	20
Petrifilm no corpo humano	20

Ao comparar dois métodos, para gerar dados estatisticamente significativos, é preferível utilizar menos amostras e confirmar o maior número possível de isolados (Fricker, Niemela & Lee, 2000). Recomenda-se que 20 amostras sejam suficientes para a análise estatística.

Para cada método, foram testadas 20 amostras para cada diluição e, como se pode ver no quadro 10, foi efectuado um número total de 500 testes por diluição e 1500 testes no total.

3.9 PROCEDIMENTO EXPERIMENTAL/COMPARAÇÃO DE PROCESSOS

No âmbito da metodologia, concebida para comparar os diferentes métodos utilizados na investigação, foram considerados para cada método os processos de experiências a seguir enumerados.

1. Procedimento experimental (para avaliar a facilidade de utilização).
2. Preparação dos reagentes (solução).
3. Preparação da amostra.
4. Preparação dos meios de comunicação social.
5. Incubação.

6. Tempo e temperatura.

7. Contagem e registo.

Antes do início das experiências, foram elaboradas fichas para cada método, com a lista de todas as actividades e tarefas (enumeradas acima). E as actividades foram registadas desde o início até ao fim, representadas por números para análise comparativa. Deste modo, as actividades passo a passo podem ser quantificadas e a classificação pode ser efectuada para determinar qual o método que demora mais tempo e requer um elevado nível de formação e experiência para ser utilizado.

3.10 AVALIAÇÕES DE PROCESSOS EXPERIMENTAIS.

A programação de compromisso - uma técnica de tomada de decisão com critérios múltiplos (MCDM) - foi utilizada para analisar e avaliar o processo experimental. (Referência: secção 3.7.4).

Os seguintes critérios são utilizados para comparar o processo experimental de cada método.

1. Facilidade de utilização.
2. Tempo para concluir um procedimento/ensaio
3. É altura de obter os resultados.
4. Temperatura de incubação.

Para cada critério, são dados os valores pior (w) e melhor (b) com base na classificação ou na informação disponível. E é necessário atribuir um valor de ponderação (w_i) a cada critério entre 0-1.

1 . Normalização de cada fator = Sw-Sx/Sw-Sb .

2 Normalização multiplicada pelos factores de ponderação = w_i [Sw-Sx/Sw-Sb].

3 . Soma dos produtos acima =$\sum w_i$ [Sw-Sx/Sw-Sb].

4 Comparar os resultados de C.

Os métodos serão classificados de acordo com a magnitude dos resultados de C.

5 .11 COMPARAÇÃO INCUBADORA/CORPO HUMANO

A temperatura de incubação para os métodos Colilert e Petrifilm é de 35^0 C, e a temperatura do corpo humano está constantemente a 35^0 C. Por esta razão, um dos objectivos da investigação é variar a técnica de incubação utilizando o corpo humano e a incubadora no laboratório, incubar as amostras de água e comparar os resultados para ver a possibilidade de utilizar o corpo humano para incubar no campo.

Neste contexto, foi produzido um colete personalizado com espaços para 5 tubos de ensaio para Colilert (P/A) e 50 tubos de ensaio para Colilert (MPN) e 5 placas de Petrifilm.

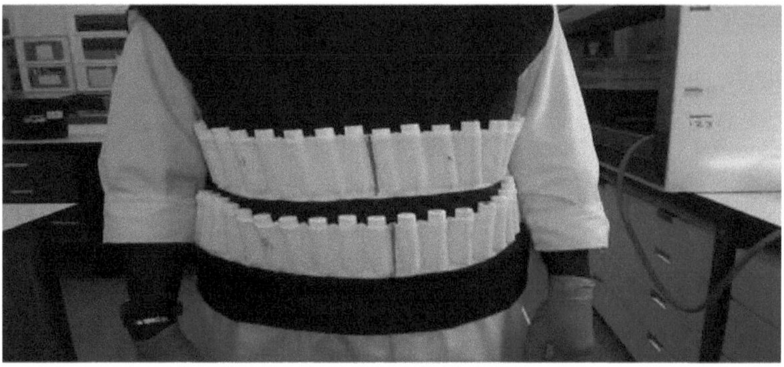

Figura 13 : O colete personalizado que segura os tubos de ensaio com amostras para incubação utilizando o corpo humano. Fonte: Adegbite (2006)

O colete personalizado; com espaços para guardar os tubos de ensaio, e bolso interior para o Petrifilm

Depois de todas as experiências do dia estarem prontas, as amostras são colocadas nos espaços como se mostra na Placa 13. O colete personalizado é usado durante o período de incubação necessário, 24 horas. No final das 24 horas, são obtidos os resultados.

6 .12 MÉTODO DE ANÁLISE COMPARATIVA DO DESEMPENHO (CPA)

Este foi um método utilizado por Harvey e Drouin, 2006 para comparar o desempenho de duas bombas; a bomba manual convencional e a bomba de corda para abastecimento de água na África subsaariana rural. Eles utilizaram a CPA para determinar se a bomba de corda pode ser uma alternativa à bomba manual convectiva utilizando alguns factores variáveis. Estas variáveis foram classificadas pelas ONG e pelas comunidades em termos da sua importância relativa e, com os resultados médios da classificação, os diferentes factores foram ponderados.

A utilização do método CPA é adaptada para comparar os desempenhos dos métodos utilizando as seguintes variáveis:

1. Exatidão dos métodos
2. Procedimento experimental
3. Custo por 1000 amostras
4. Portabilidade dos métodos
5. Durabilidade dos métodos

De acordo com a metodologia utilizada (Harvey e Drouin, 2006), as pontuações dos critérios variam entre 1 e 10, o parâmetro menos importante recebeu a pontuação de 1 e, em seguida, foi atribuída a cada fator uma pontuação correspondente ao seu rácio de importância relativa em relação ao parâmetro menos importante. Por conseguinte, o peso de cada fator foi calculado da seguinte forma

w_i= pontuação para i^{th} fator/soma das pontuações de todos os factores, em que

w_i = peso de importância para o fator i^{th}

Para medir a localização de cada método para cada fator, foi utilizada uma escala diferente, sendo o valor mínimo a pontuação para o pior valor plausível e o máximo, o melhor valor plausível

Foi feita a normalização das variáveis para cada método, utilizando a relação abaixo

Onde:

Sij = normalização (posição escalada da j-ésima entidade no i-ésimo fator).

Besti = melhor valor plausível do i-ésimo fator

Worsti = pior valor plausível do fator

Valueij = valor da j-ésima entidade no i-ésimo fator

Por fim, a pontuação global de cada método foi calculada da seguinte forma:

$$S_j = \sum_{i=1}^{n} (W_i)(S_{ij})$$

Onde:

$$_j = \sum_{i=1}^{n} (W_i)(S_{ij})$$

Sj = pontuação global da avaliação do j-ésimo método alternativo

J = número de alternativas (3)

Wi = ponderação da importância do i-ésimo fator

N = número de factores de valor (?)

Sij = posição escalonada da j-ésima entidade no i-ésimo fator

Em seguida, as pontuações totais globais foram classificadas e comparadas. O método com maior valor deve ser classificado em primeiro lugar e o de menor valor, em último.

CHAPTER 4

4.1 INTRODUÇÃO

A qualidade dos resultados dos testes laboratoriais é de importância primordial para todas as conclusões deles retiradas. Por isso, as experiências laboratoriais, que têm a ver com a medição e a minimização de possíveis erros, foram realizadas sob normas de controlo de qualidade (Rump e Krist, 1992).

4.2 ASSUNTOS

1. A E-coli é um parâmetro microbiológico da qualidade da água e, ao contrário de um produto químico dissolvido na água, que forma uma solução homogénea, deveria formar um aglomerado. No entanto, parte-se do princípio de que a E-coli viva diluída nas amostras de água está uniformemente distribuída e que não há mais crescimento e multiplicação quando as amostras preparadas são deixadas no exterior ou durante a noite num frigorífico.

2. A deteção de E-coli a partir de diferentes níveis de diluição, com diferentes métodos, deve ser igual ao número real de E-coli diluídos.

3. Todos os erros devidos a medições incorrectas das amostras foram ignorados.

(a) Por exemplo, para estas experiências, o método Delagua baseia-se numa amostra de 100 ml mas, quando o volume é inferior a 100 ml, devido a um erro, o número real de E-coli na amostra será menor do que se tivesse sido utilizada a amostra de 100 ml e vice-versa para amostras de mais de 100 ml.

(b) A adição de MLSB (alimento para a E-coli) nas placas de Petri ajuda a E-coli a crescer. Se o MLSB for em excesso, existe a possibilidade de fuga para fora da placa de Petri, o que pode levar à contaminação das amostras. No entanto, se o MLSB for demasiado pequeno, a amostra secará durante a incubação e os resultados serão afectados.

4.3 . RESULTADOS DAS EXPERIÊNCIAS

4.3.1 Introdução

Para os resultados obtidos nas experiências laboratoriais, são utilizadas técnicas adequadas de análise de dados e outras técnicas para avaliar a exatidão e a classificação dos métodos.

Toda a metodologia e técnicas utilizadas são analisadas no capítulo 3.

4.3.2 E-Coli efetivamente diluído e detectado

Normalmente, espera-se que a deteção de E-coli em cada uma das diluições (1st , 2.ª e 3rd) seja igual ao número de E-coli diluídos na amostra de água para todos os métodos. Isto será possível e acontecerá se o método for exato e adequado. No entanto, é de esperar o crescimento e a multiplicação do E-coli quando o stock e a amostra preparada permanecem em repouso durante algum tempo, embora devamos ainda esperar que o número diluído de E-coli seja igual ao número de E-coli detectado.

4.4 Método Delagua a 44^0 C - Comparação das três diluições

O resultado médio da 1ª diluição (nível elevado de E-coli) é de 135,5 ufc/100ml para o número real de E-coli diluído. Foram registados 8,25 ufc/100ml de E-coli na 3ª diluição (nível baixo), o que está próximo da diluição real de 10 ufc/100ml. Mas com a 2ª diluição de nível médio, o número de E-coli detectado é de 94cfu/100ml, o que é inferior à diluição real de

Tabela 11 : Resumo dos resultados (E-coli detectada cfu/100ml)

	1st Diluição (135)	2nd Diluição (100)	3ª Diluição (10)
Média	135.5	94	8.25
Mediana	135	95	8
Desvio padrão	3.487	6.121	1.773
Máximo	141	99	13
Mínimo	130	70	6
Gama	11	17	7
Percentil	135	95	8

número de E-coli diluído (100cfu/100ml), mas os resultados são consistentes. Isto indica que as diluições podem estar erradas desde o início das experiências. Mediana: É utilizada nas avaliações da qualidade da água para comparar os resultados das medições (Chapman,

1996) e para determinar se a distribuição dos dados é normal ou não.

A diluição de nível elevado (1ª) tem uma mediana de 135, que é igual à média, indicando que os resultados têm uma distribuição absolutamente normal (ver Tabela 11 e Figura 15). Isto também se aplica à diluição 3rd (nível baixo), porque a mediana (8) é aproximadamente igual à média (8,25) (ver Quadro 11 e Figura 17).

Mas no caso da diluição 2nd (nível médio), a mediana (95) não é igual à média (94) e, a partir das localizações dos percentis dentro do intervalo, os resultados parecem estar distribuídos de forma assimétrica (ver Figura 16 abaixo).

4.4.1 Coeficiente de variação dos resultados

O coeficiente de variação é o rácio entre o desvio padrão e a média e é uma medida da variabilidade relativa dos resultados, independentemente das magnitudes absolutas.

Tabela 12 : Variáveis dos resultados do método Delagua

	1st Diluição (135cfu/100ml)	2nd Diluição (100cfu/100ml)	3ª Diluição (10cfu/100ml)
Média	135.5	94	8.25
Desvio padrão	3.487	6.121	1.773
Coeficiente de variação	0.026	0.065	0.215
Variabilidade relativa	2.6%	6.5%	21%

A partir do cálculo dos coeficientes de variação, a variabilidade relativa dos resultados é de 2,6%, 6,5% e 21% das médias da diluição 1st , da diluição 2nd e da diluição 3rd , respetivamente. Estes valores indicam que os resultados da diluição 3rd variaram mais do que os das outras duas diluições, sendo os resultados da diluição 1st os que menos variaram.

Observando os valores calculados para as médias e os gráficos de distribuição normal abaixo (Quadros 12), podemos ver que a deteção de E-coli em alta concentração pelo método Delagua é mais exacta, seguida pela deteção em baixa concentração e depois em média concentração.

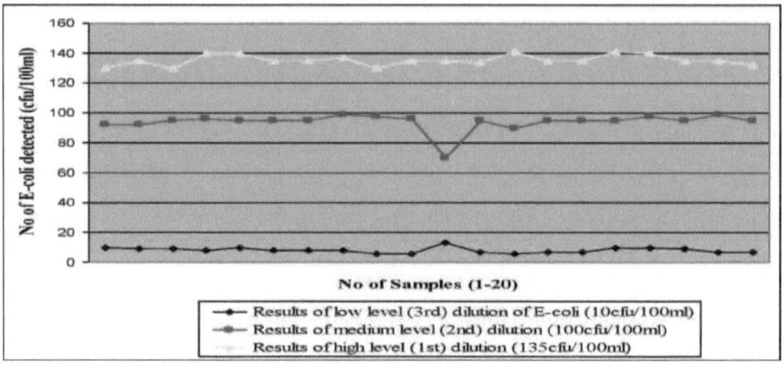

Figura 14 : Resultados de todos os níveis de diluições (combinados) do método Delagua

A Figura 14 indica que o método Delagua detectou bem a E. coli em todas as diluições. No entanto, pode ver-se que um dos resultados para a diluição 2nd é baixo em comparação com os outros resultados (70cfu/100ml).

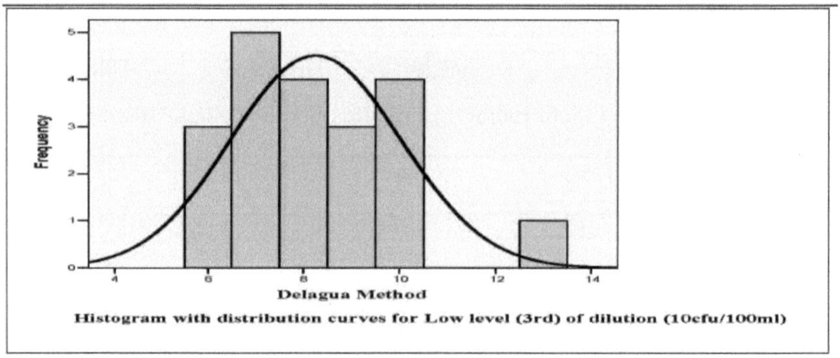

Figura 15: A distribuição para a diluição de baixo nível (3ª) de E-coli (10cfu/100ml)

A frequência mais elevada, a partir da Figura 15, é 5, indicando que a deteção mais frequente é de 7 ufc/100 ml, o que está acima da média.

Os resultados são normalmente distribuídos com um valor médio acima da média de 8,25cfu/100ml.

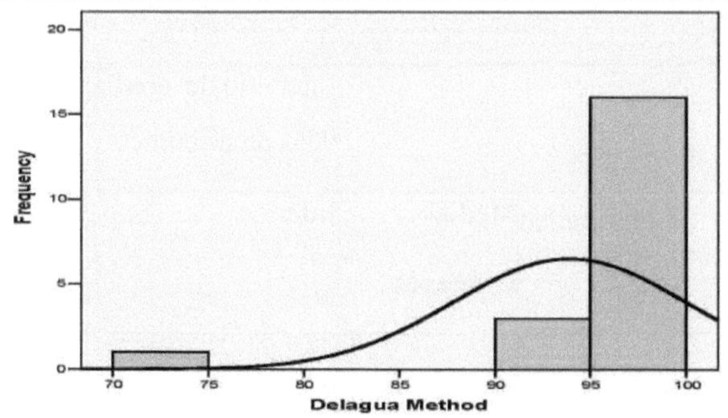

Histogram with distribution curve for medium level (2nd) dilution of E-coli (100cfu/100ml)

Figura 16 : A distribuição para a diluição de nível médio de E-coli (100cfu/100ml)

Os resultados não têm uma distribuição normal, devido à baixa deteção de 70cfu/100ml; isto pode dever-se a erros (insuficiência ou excesso de MLSB nos filtros de membrana ou a amostra não foi bem agitada). Mas os resultados não variam muito em relação aos valores médios de 94cfu/100ml, com uma frequência elevada de 15, que é 95.

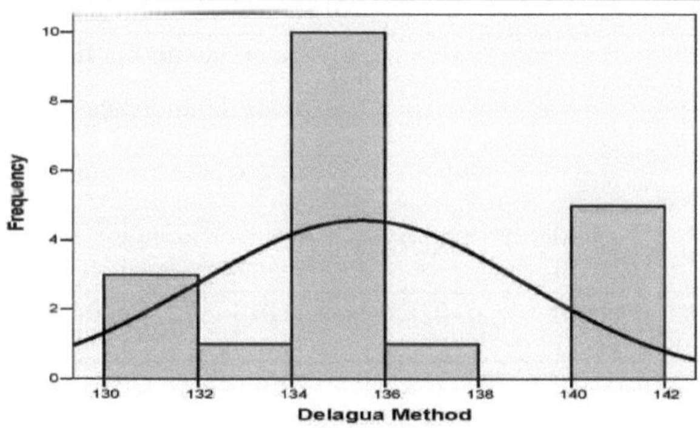

Histogram with distribution curve for High level (1st) dilution of E-coli (135cfu/100ml)

Figura 17: A distribuição da diluição de alto nível de E-coli (135cfu/100ml)

O gráfico apresenta uma distribuição normal em torno dos valores médios de 135,5cfu/100ml com uma variabilidade relativa baixa de 2,6%.

4.4.2 Análise de dados - a utilização do teste t

A metodologia utilizada é analisada na secção 3.6.2

Quadro 13 : Teste t de uma amostra para Delagua para a diluição de baixo nível (3ª)

Valor de teste = 0						
					Intervalo de confiança de 95% da diferença	
	t	df	Sig. (2tailed)	Média Diferença	Inferior	Superior
Delagua (44)	4.610	19	0.000	0.0925513	0.050534	0.134568

Os resultados mostram que existe uma diferença estatística com um intervalo de confiança de 95%, porque o nível de significância (bicaudal) é inferior a 0,05. Aqui, a contagem logarítmica - log 10 é diferente de zero. Além disso, o teste t para a diluição média não foi estatisticamente diferente, o que significa que os resultados não foram exactos.

Tabela 14 : Teste t de uma amostra para Delagua para diluição de nível médio (2ª)

Valor de teste = 0						
					Intervalo de confiança de 95% da diferença	
	t	df	Sig. (2tailed)	Média Diferença	Inferior	Superior
Delagua(44)	3.990	19	0.001	0.0283564	0.013481	0.043232

Tabela 15 : Teste t de uma amostra para Delagua para a diluição de alto nível (1ª)

Valor de teste = 0						
					Intervalo de confiança de 95% da diferença	
	t	df	Sig. (2tailed)	Média Diferença	Inferior	Superior
Delagua(44)	-0.754	19	0.460	-	-0.006810	0.043232

				0.0018035		

O teste t para diluições elevadas mostra que não existe diferença estatística entre os resultados obtidos, porque 0,460 não é inferior ou igual a 0,05, o que significa que a diferença entre a diluição real e a E-coli detectada é zero. Isto mostra que o método Delagua é exato para a deteção de E-coli a níveis elevados de diluição.

4.4.3 Variação de temperatura de 44^0 C a 37 C^0

A alteração da temperatura do método Delagua, de 44^0 C para 37^0 C, não é o objetivo principal da investigação. Foi realizada uma experiência adicional para verificar se os resultados eram afectados quando a incubação era efectuada a uma temperatura inferior de 37^0 C.

Se os resultados forem satisfatórios a esta temperatura mais baixa, será possível utilizar o método Delagua para a incubação de testes à temperatura do corpo humano. Até à data, estas análises têm sido efectuadas através de outros métodos que podem ser incubados a temperaturas inferiores a 37^0 C.

Os resultados mostraram que o número de E-coli detectado pela incubação a 44° C é maior do que a 37° C. Também a cor do filtro de membrana na incubação a 37° C é rosa-avermelhada, diferente da cor amarela clara normal quando a incubação é a 44° C.

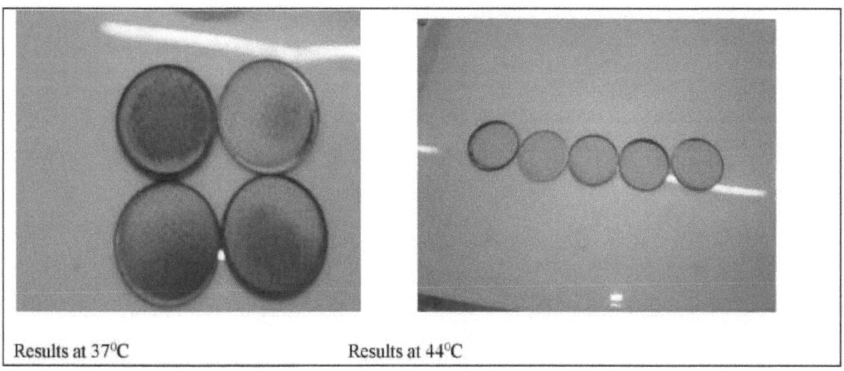

Figura 18: O efeito da diferença de temperatura na mudança de cor dos filtros de membrana.

Fonte: Adegbite (2006)

Quadro 16 : Resultados de Delagua a 44 e 37 graus

	1st Diluição (135) (cfu/100ml)	2nd Diluição(100) (ufc/100ml)	3ª Diluição(10) (ufc/100ml)
Incubação (44^0 C)	135,5 ufc/100ml	94cfu/100ml	8,25cfu/100ml
Incubação (37^0 C)	115cfu/100ml	28cfu/100ml	6cfu/100ml

Ambos os valores de E-coli detectados nas duas temperaturas diferentes de incubação são elevados. Em média, a incubação a 37^0 C detectou 115cfu/100ml de E-coli e a incubação a 44^0 C detectou 136 cfu/100ml de E-coli; por conseguinte, a diminuição da temperatura afecta negativamente os resultados, não fornecendo resultados exactos. Quando a incubação é efectuada a uma temperatura elevada, há limitações na utilização do método Delagua no corpo humano, que não pode atingir uma temperatura de 44^0 C.

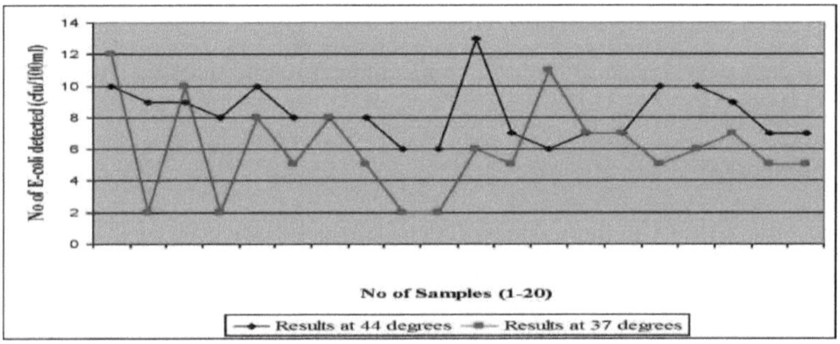

Figura 19 : Representação gráfica dos resultados da 3ª diluição de Delagua a 44^0 C e 37 C^0

O quadro 16 e a figura 19 mostram claramente que a incubação do método Delagua a uma temperatura mais baixa não é tão eficaz na deteção da E. coli como quando a incubação é efectuada a uma temperatura mais elevada.

4.4.4 Limitações da Delagua

1. O método requer uma temperatura elevada para obter resultados precisos e fiáveis. Isto significa que é necessário transportar uma incubadora volumosa para o campo.

2. Para utilizar este método de forma eficaz, é necessário ter competências e experiência.

4.5 Métodos Colilert - comparação de resultados

4.5.1 A Presença/Ausência da Colilert

O teste Colilert Presença/Ausência foi igualmente efectuado com as três diluições. O método permite a incubação de amostras utilizando o corpo humano: porque os tubos de ensaio podem ser enfiados debaixo do casaco e a incubação é feita a 35° C (temperatura humana). Mas esta técnica tem a limitação de não ser capaz de enumerar o número de E-coli nas amostras.

A incubação de amostras, no corpo humano e numa incubadora no laboratório, permitirá determinar se o corpo humano pode substituir a incubadora convencional no terreno.

Para poder comparar e analisar os resultados, foram utilizados 0 e 1 para representar os dados: 0 indica um resultado negativo (ausência de E-coli) e 1 indica um resultado positivo (presença de E-coli).

Quadro 17: Resultados totais positivos e negativos de Colilert (P/A)

	1st Diluição		2nd Diluição		3rd Diluição	
	Incubadora	Corpo	Incubadora	Corpo	Incubadora	Corpo
+	20	20	20	20	15	15
-	0	0	0	0	5	5

Os números mostram que não há diferença nos resultados entre utilizar uma incubadora de laboratório ou o corpo humano para incubar as amostras.

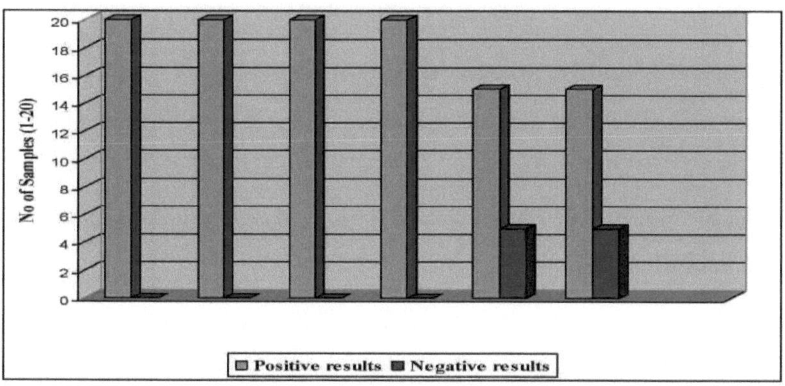

Figura 20 : Resultados do método Colilert-P/A da incubadora e do corpo humano.

Os resultados da presença/ausência foram somados e representados por gráficos de barras. A figura 20 mostra que os resultados da incubadora e do corpo humano são idênticos.

Para a diluição de nível elevado (1st), as 20 amostras foram todas positivas, também 20 amostras foram positivas utilizando a diluição de nível médio (2nd) e ocorreram resultados semelhantes com a diluição de nível baixo (3rd), mas 15 foram positivas e 5 negativas.

De um modo geral, os resultados obtidos tanto na incubadora de laboratório como no corpo humano foram coerentes.

4.5.2 Curvas caraterísticas de funcionamento do recetor (ROC)

A ferramenta ROC é explicada na metodologia, na secção 3.6.3

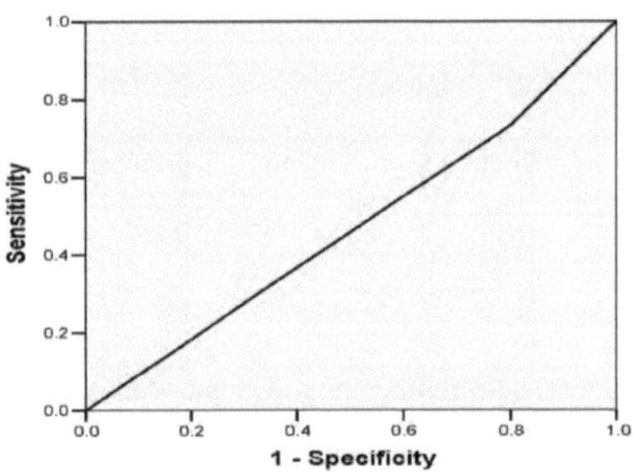

ROC curve for Colilert (P/A) method incubated on Human body

Figure 21 : ROC mostra a especificidade e a sensibilidade dos resultados do corpo humano

A especificidade e a sensibilidade dos dois métodos, em diluições de baixo nível (3rd), são idênticas.

Os gráficos mostram que não há diferenças apreciáveis entre as duas técnicas de incubação (incubadora e corpo humano)

Isto significa que não há diferença na especificidade e sensibilidade das duas técnicas. Além disso, não há base de comparação entre as duas técnicas para as diluições de nível médio (2nd) e elevado (1st), porque os resultados são todos positivos.

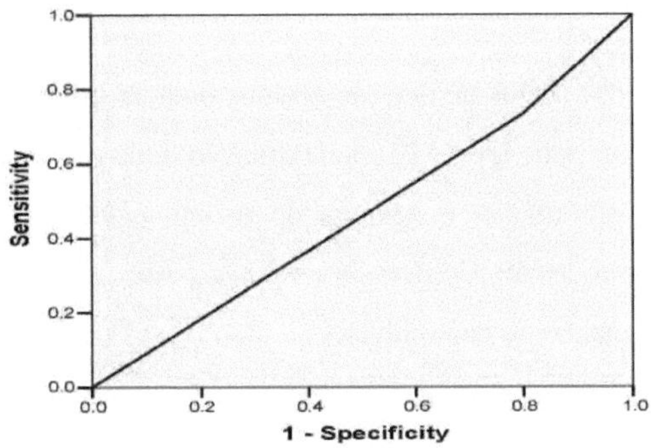

ROC curve for Colilert (P/A) method in Incubator

Figure 22 : ROC mostrando a especificidade e a sensibilidade dos resultados da incubadora

A curva (figura 22) é idêntica à da figura 21, o que significa que não há diferença na utilização da incubadora e do corpo humano

4.5.3 Colilert (P/A) Incubadora vs. Corpo humano

A Tabela 17 e a Figura 20 mostram claramente que não há diferença entre os resultados da incubação das amostras de teste Colilert P/A no corpo humano e na utilização de uma incubadora no laboratório, o que significa que a temperatura constante de 35^0 C no corpo humano ou numa incubadora pode incubar a E. coli igualmente bem.

Esta nova técnica de incubação de bactérias pode substituir o método de Delagua em situações de emergência em que não há fornecimento de energia eléctrica ou para levar as amostras para um laboratório distante para testes e para reduzir o longo procedimento experimental peculiar ao método de Delagua.

É muito fácil de manusear: as amostras de água são preparadas, incubadas no corpo humano e, após 24 horas, a mudança de cor é observada e o teste pode ser confirmado positivo ou negativo com uma lâmpada UV.

4.5.4 Limitação de Colilert (P/A)

O método apenas dá resultados negativos e positivos; não dá o nível de contaminação.

4.6. Método NMP Colilert

Este método fornece uma estimativa estatística do número médio de coliformes na amostra; a precisão é baixa e depende do número de tubos utilizados para a análise (Rompre, A et. al, 2001)

Existe uma limitação aos valores de deteção obtidos para as diluições 1st e 2nd porque a tabela de índices MPN só pode ler até 23cfu.de diluição de E-Coli. Isto significa que não é possível enumerar níveis médios e elevados de agentes patogénicos numa amostra de água utilizando o método NMP Colilert. No entanto, este método é adequado para a enumeração de contaminação de baixo nível.

Quadro 18 : Resumo das diluições de baixo nível (3ª) de Colilert MPN (10cfu/100ml)

	Incubadora	Corpo humano
Média	8.55	9
Mediana	9	9
Padrão Desvio	2.837	2.5118
Máximo	16	16
Mínimo	4	5
Gama	12	11
Percentil	9	9

Quadro 19 : Variabilidade dos resultados

	Incubadora	Corpo humano
Média	8.55	9
Desvio padrão	2.837	2.511
Coeficiente de variação	0.331	0.279
Variabilidade relativa	33.1%	27.9%

Os números do quadro 19 mostram que os resultados obtidos a partir do corpo humano são menos variados (27,9%) do que os resultados obtidos a partir da incubadora (33,1%). Isto significa que o corpo humano também é fiável para ser utilizado como incubadora para o método Colilert MPN.

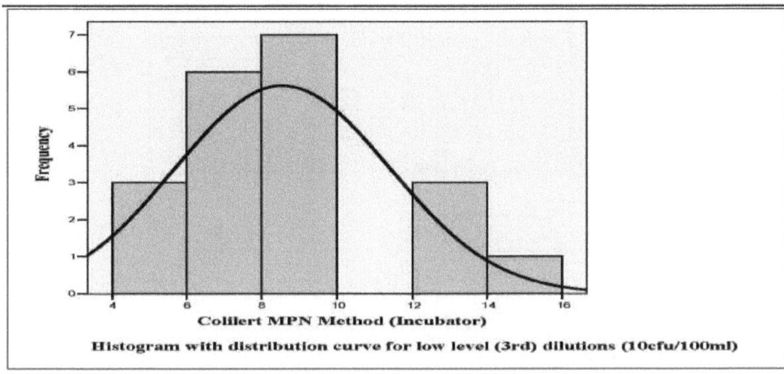

Figure 23 : A distribuição dos resultados do Colilert MPN (Incubadora)

Os resultados da diluição de nível médio (2nd) e de nível elevado (1st) não podem ser analisados ou colocados em diagramas devido aos dados ambíguos acima referidos.

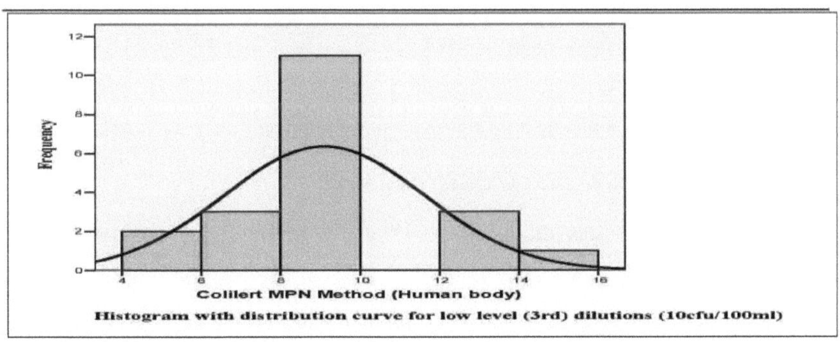

Figura 24 : Distribuição dos resultados do Colilert MPN (Corpo Humano)

4.6.1 Colilert (MPN) Variação de temperatura/fonte de calor

A partir das Figuras 25 e 26, que são os gráficos de barras e gráficos da diluição 3rd (com resultados nas Tabelas 18 e 19), pode ver-se que o corpo humano pode ser utilizado para detetar e enumerar agentes patogénicos, e o número de E-coli pode ser quantificado a baixos níveis de contaminação. Os resultados implicam que o corpo humano pode substituir a incubadora no terreno durante as emergências em que não há fornecimento de energia eléctrica. Além disso, elimina a necessidade de transportar equipamento volumoso, tal como referido anteriormente.

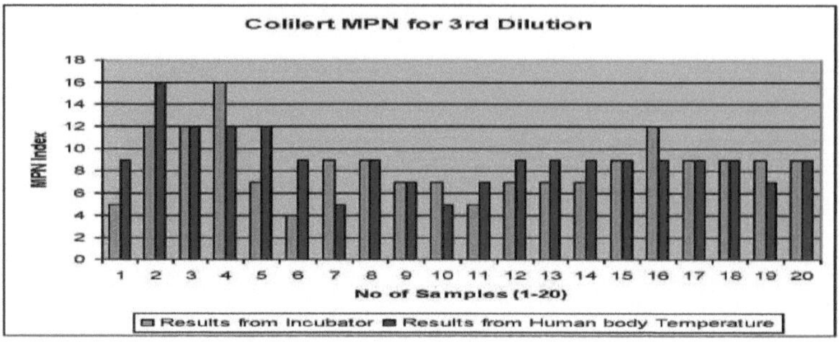

Figura 25: Gráficos de barras do método NMP da Colilert

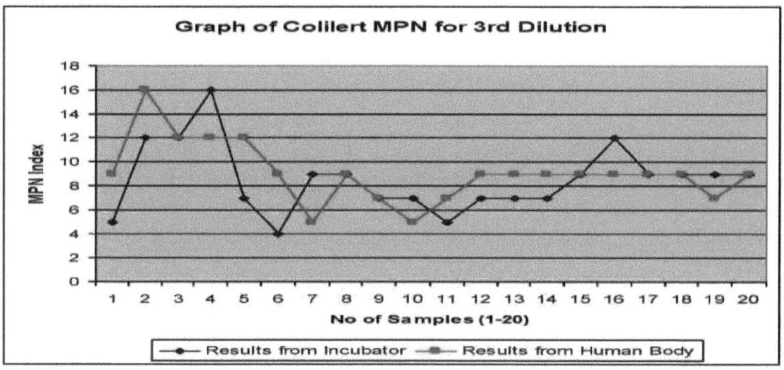

Figura 26 : Representação gráfica dos resultados do método Colilert MPN

Além disso, os resultados das diluições de 1st e 2nd foram todos positivos, o que demonstrou que o corpo humano é tão eficiente e eficaz como uma incubadora convencional. Como já foi referido, os valores do índice NMP não podem ser superiores a 23cfu/100ml, pelo que não é possível quantificar todas as outras formas de deteção e enumeração. Assim, é difícil enumerar o número de E-coli detectado.

24.6.2 Método Colilert NMP (corpo e incubadora), baixa diluição

Quadro 2 0 : Teste t de uma amostra para o NMP Colilert (Incubadora e Corpo)

Diluição de baixo nível (3ª)

Valor de teste = 0

					Intervalo de confiança de 95% da diferença	
	N	df	Sig. (2tailed)	Média Diferença	Inferior	Superior
Colilert (Incubadora)	20	19	0.011	0.0904025	0.022901	0.157904
Colilert (Corpo humano)	20	19	0.049	0.00564217	0.000316	0.112528

Para comparar ainda mais os resultados entre a incubadora e o corpo humano a um nível baixo (3rd diluição), foi efectuado um teste t para cada um dos dois resultados.

Os testes t para o método Colilert MPN utilizando uma incubadora têm uma diferença estatística, mostrando que não é tão exato, quando as amostras são incubadas no corpo humano.

Os resultados do teste t indicam que não há diferença estatística entre os resultados do corpo humano, porque o valor significativo (0,049) é aproximadamente igual a 0,05. Além disso, o erro padrão médio dos resultados do corpo humano (0,0268) é inferior ao da incubadora (0,0322).

24.6.3 Limitações do método NMP da Colilert

A limitação reside nos resultados ambíguos de > 23 (Graham B.M, 2005), ou seja, quando todos os tubos são positivos, o índice NMP não pode fornecer valores discretos. O resultado é > 23, o que torna inútil qualquer análise de dados ou técnicas estatísticas.

4.7 Método Petrifilm - Comparação de resultados

Os resultados brutos deste método podem ser vistos no apêndice A. E os números médios de E-coli detectados nas três diluições são apresentados no quadro seguinte.

Os resultados obtidos nas experiências laboratoriais são medidos em ufc/ml. Mas para comparação com outros métodos, todos os resultados foram convertidos em ufc/100ml, multiplicando cada resultado por 100.

Quadro 2 1 : Número médio de E-coli detectado pelo método Petrifilm

Média	1st Diluição (135cfu/100ml)		2nd Diluição (100cfu/100ml)		3rd Diluição (10cfu/100ml)	
	Incubadora	Corpo humano	Incubadora	Corpo humano	Incubadora	Corpo humano
N.º de E. coli/1ml	0.55	1	0.4	0.3	0.25	0
N.º de E. coli/100ml	55	100	40	30	25	0

A partir dos resultados apresentados no quadro 21, a uma diluição baixa (10cfu/100ml), o método Petrifilm não detecta nada (0cfu/100ml) para as técnicas do corpo humano, ao passo que, quando se utiliza uma incubadora, são detectados 25cfu/100ml.

Com uma diluição média de 100cfu/100ml, a incubação utilizando o corpo humano detectou 30 ufc/100ml e a incubadora detectou 40cfu/100ml. Com uma diluição elevada de 135cfu/100ml, o método do corpo humano detectou 100cfu/100ml e a incubadora apenas 55cfu/100ml.

A tendência mostra simplesmente que a incubadora detectou a E-coli em todas as diluições, com resultados pouco fiáveis. Além disso, o corpo humano não é útil na deteção de contaminação de baixo nível por E. coli, mas tem um desempenho **melhor** do que a incubadora em níveis elevados de diluições, onde detectou 100cfu/100ml em 135cfu/100ml, enquanto a incubadora detectou apenas 55cfu/100ml em 135cfu/100ml.

Os resultados mostram que os resultados da diluição de alto nível (1st) detectados pela incubadora não têm uma distribuição normal; (a média (55cfu/100ml) não é igual à mediana (50cfu/100ml), enquanto os resultados do corpo humano têm uma distribuição normal, sendo a média (100cfu/100ml) igual à mediana (100cfu/100ml).

Quadro 2 2: Resumo dos resultados (E-coli detectado cfu/100ml)

	1st Diluição (135)		2nd Diluição(100)		3ª Diluição(10)	
	Incubadora	Corpo humano	Incubadora	Corpo humano	Incubadora	Corpo humano

Média	55	100	40	30	25	0
Mediana	50	100	0	0	0	0
Padrão Desvio	60.48	85.83	68.055	47.016	44.42	0
Máximo	200	300	200	100	100	0
Mínimo	0	0	0	0	0	0
Gama	200	300	200	100	100	0
Percentil	50	100	0	0	0	0

Para as outras duas diluições; nível médio (2nd) e nível baixo (3rd), os resultados não são normalmente distribuídos, nem para a incubadora nem para o corpo humano. A comparação das médias com as medianas do quadro 22 mostra-o claramente.

A variabilidade dos resultados, que pode ser atribuída à sua distribuição assimétrica, pode ser compreendida pelos valores de % no quadro 23 abaixo. De notar, no entanto, os resultados a baixo nível (diluição 3rd), em que o corpo humano não detecta qualquer E-coli (0cfu/100ml) e a incubadora detectou 25cfu/100ml com a maior variabilidade relativa de 177,68%.

A variabilidade relativa das outras duas diluições mostra que os resultados do corpo humano se distribuem melhor e de forma mais normal do que os resultados da incubadora. Para a diluição de nível elevado (1st), os resultados provenientes da incubadora registaram uma variação de 109,9% e os provenientes do corpo humano uma variação de 85,83%. A diluição de nível médio (2nd) também apresenta o mesmo comportamento, com uma variação superior dos resultados da incubadora (170,13%) em relação aos do corpo humano (156,72%).

Quadro 2 3: Variabilidade dos resultados de Petrifilm (E-coli detectada cfu/100ml)

	1st Diluição (135)		2nd Diluição(100)		3ª Diluição(10)	
	Incubadora	Corpo humano	Incubadora	Corpo humano	Incubadora	Corpo humano

Média	55	100	40	30	25	0
Padrão Desvio	60.48	85.83	68.055	47.016	44.42	0
Coeficiente de variação	1.099	0.8583	1.7013	1.5672	1.7768	0
Relativo Variabilidade	109.9%	85.83%	170.13 %	156.72 %	177.68 %	0

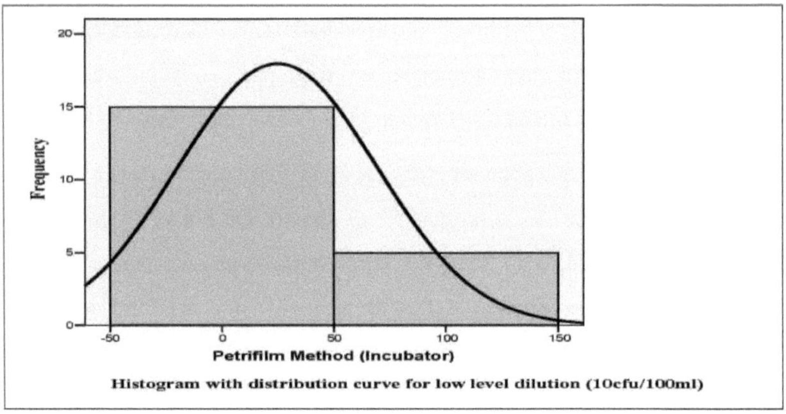

Figure 27 : A curva de distribuição para a diluição de baixo nível Petrifilm (Incubadora)

Os resultados não têm uma distribuição normal, a curva é ligeiramente enviesada para a direita e a média (25) não é igual à mediana (0), o que demonstra ainda mais a assimetria da curva.

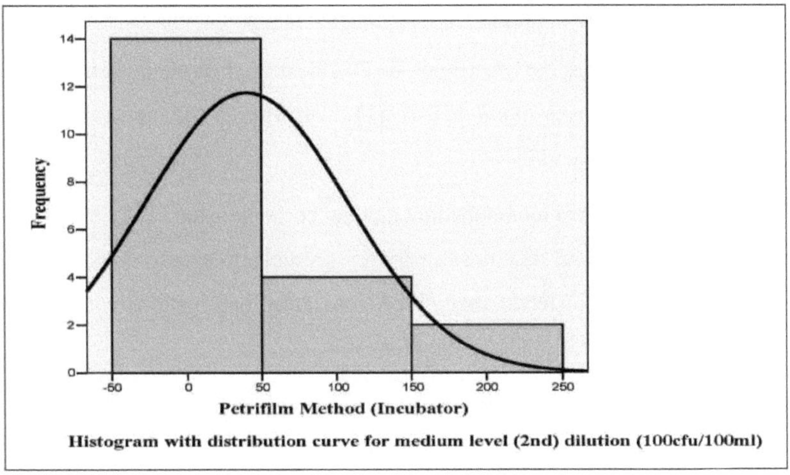

Figure 28 : Curva de distribuição para a diluição de nível médio Petrifilm (Incubadora)

A Figura 27 acima (incubadora) mostra que os resultados variam mais do que o normal, sendo que os resultados mais frequentes são 0cfu/100ml 14 vezes, tal como os resultados do corpo humano (Figura 28), mas os resultados da incubadora são relativamente melhores do que os do corpo humano.

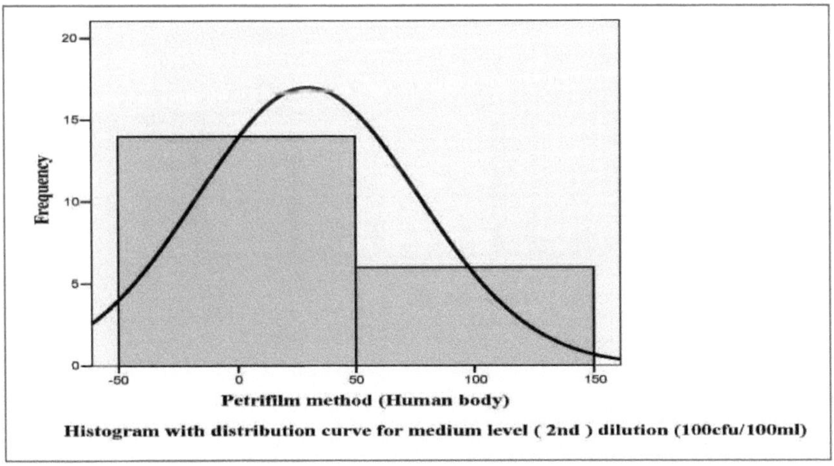

Figure 29 : Curva de distribuição para Petrifilm (corpo humano) diluição de nível médio

A curva parece assimétrica, indicando também que os resultados não têm uma distribuição normal.

Não existe uma curva correspondente para o corpo humano devido à falta de resultados.

Após a conversão dos resultados em ufc/100ml, de 20 amostras, 5 foram detectadas pela incubadora como contendo 100cfu/100ml de E-coli (1cfu/1ml), enquanto que a incubação no corpo humano não detectou nada.

O método não funciona bem nem na incubadora nem no corpo humano. Tal pode dever-se ao facto de ser necessário 1 ml de amostra para o procedimento padrão de deteção de E-coli. Ao diminuir a diluição, tendo mais E-coli nas amostras, o número de E-coli detectados aumenta, mas com resultados pouco fiáveis.

O método Petrifilm pode ser utilizado para detetar e enumerar E-coli em amostras de água não diluídas, que estão altamente concentradas em coliformes.

As duas figuras abaixo mostram que, à medida que o número de E-coli é maior nas amostras, o nível de deteção aumenta. Mas na diluição de 1st com uma diluição elevada de E-coli, o corpo humano tem um desempenho melhor do que a incubadora de laboratório.

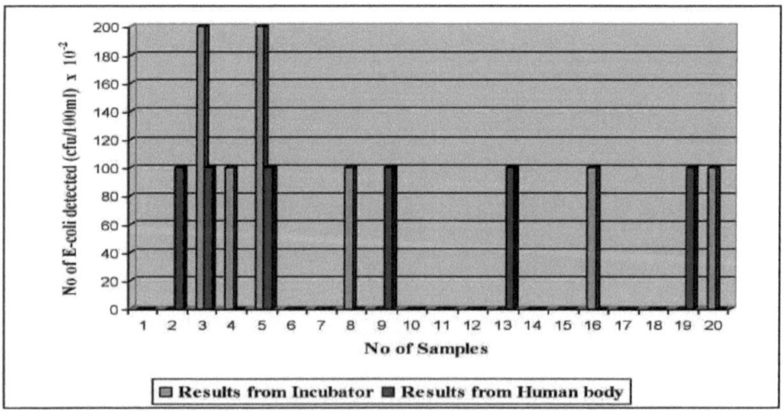

Figura 30: Resultados da diluição de nível médio (3ª) pelo método Petrifilm

1.1.1 Efeito da alteração dos níveis de diluição no método Petrifilm

(a) A partir do Quadro 23 e das Figuras 31 e 32 abaixo, pode ver-se que a deteção de E-coli melhora com a diminuição da diluição, mas não é consistente com as diluições de nível baixo (1st) e médio (2nd). No entanto, existe uma consistência razoável na deteção de níveis elevados de E-coli (diluição 1st), que pode ser melhor apreciada quando os resultados são convertidos de ufc/1ml para ufc/100ml.

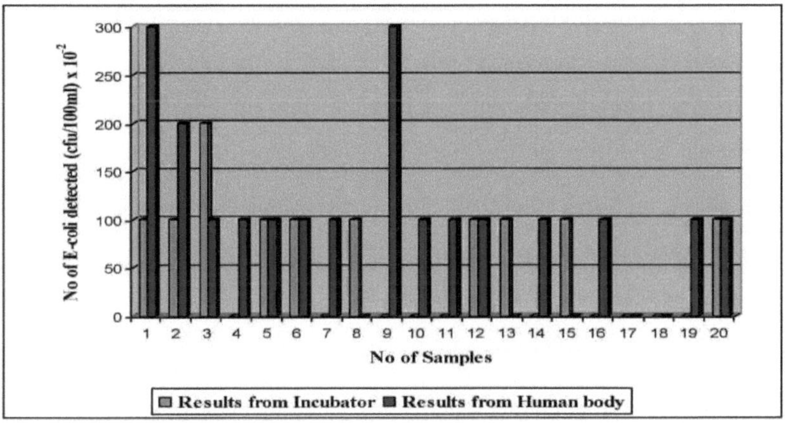

Figura 31 : Resultados da diluição de alto nível (1ª) pelo método Petrifilm

(b) Existe uma diferença ligeira, mas percetível, entre os resultados obtidos com a incubadora e com o corpo humano (ver figura 30). A níveis baixos (3ª diluição), não há qualquer deteção com o corpo humano como incubadora, mas há uma deteção razoável com a incubadora, que é comparável à de níveis elevados de E. coli (1st diluição). Em média, o grau de deteção é mais elevado com o método do corpo humano do que com a incubadora.

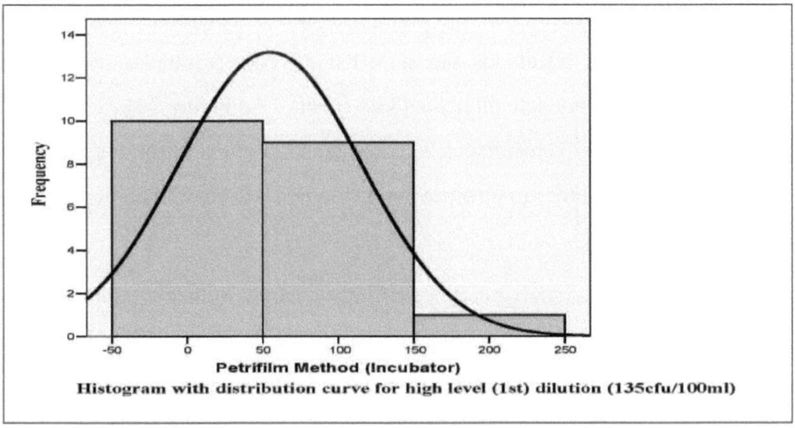

Figura 32: Curva de distribuição para a diluição de alto nível Petrifilm (Incubadora)

1.1.2 Limitações do método Petrifilm

A principal desvantagem ou limitação das placas de Petrifilm nos testes microbiológicos da água é o pequeno volume de amostra (1 ml). Os resultados têm de ser convertidos para o padrão "por 100 ml" para fazerem sentido e possibilitarem a comparação gráfica com outros métodos.

Além disso, ao utilizar amostras brutas não diluídas, por exemplo de um riacho ou rio, a água que está a ser testada conterá elevados níveis de contaminação, pelo que os resultados serão demasiado numerosos para serem contados (TNTC).

4.8 Comparação entre a incubadora convencional e o corpo humano

Um dos objectivos é variar e avaliar as técnicas de incubação. Para o efeito, utiliza-se o corpo humano para incubar as amostras dos métodos Colilert (P/A), Colilert (NMP) e Petrifilm. Estes métodos utilizam uma temperatura de 35^0 C para a sua incubação, o que equivale à temperatura constante do corpo humano.

A comparação de uma nova técnica de incubação (corpo humano) com uma já estabelecida (incubadora) é muitas vezes necessária para verificar se estão suficientemente de acordo para que a nova substitua a antiga (Bland e Altman, 1986).

Nas diferentes técnicas utilizadas acima para analisar o nível de e-coli, os resultados do Colilert (P/A) mostram que o corpo humano tem um bom desempenho em comparação com a incubadora, porque os resultados são semelhantes, com resultados positivos e negativos iguais em todos os níveis de diluição. (Ver Tabela 17 e Figura 20). No entanto, como se pode ver na Tabela 23, os resultados do corpo humano são ainda mais exactos do que os da incubadora, porque têm um erro padrão médio de 0,02 em comparação com o valor de 0,03 da incubadora.

Comparando os resultados da análise em Petrifilm, o corpo humano tem um bom desempenho, pois varia menos do que a incubadora, de acordo com os valores do quadro 23. O corpo humano varia em relação à média em 156%, enquanto a incubadora varia em 170% para a diluição de nível médio (2nd). Também para o nível elevado (diluição de 1st), os resultados do corpo humano variam menos em relação à média (85,83%) e os da incubadora (109,9%). Estes resultados mostram que o corpo humano pode ser utilizado para incubar no terreno em caso de emergência.

4.9 AVALIAÇÕES DE EXACTIDÃO

Devido aos resultados ambíguos do método Colilert MPN para amostras de nível médio (2.ª diluição) e de nível elevado (1st diluição), apenas são utilizados os resultados do nível baixo (3rd diluição) para comparar a exatidão dos três métodos. É, por conseguinte, necessário tirar a maior conclusão possível a partir dos dados limitados.

Um resumo de todos os resultados do nível baixo (3rd diluição) para todos os métodos: Delagua, Colilert e Petrifilm é apresentado na Figura 24 abaixo. Isto inclui também as duas técnicas de incubação: a incubadora no laboratório e no corpo humano.

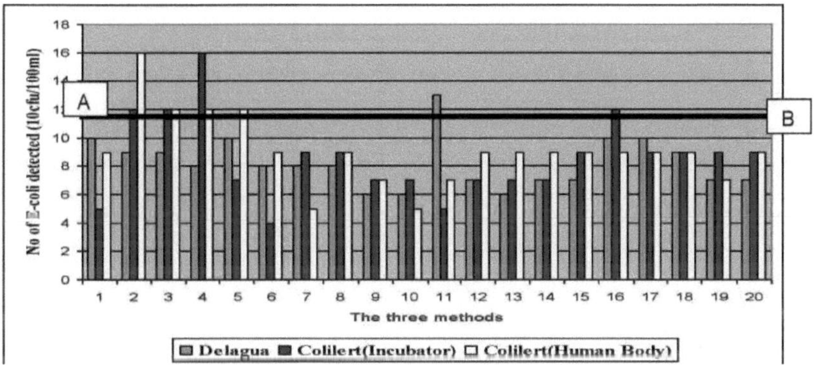

Figura 33: Comparação dos três métodos

Para ajudar a apreciar o significado da grande quantidade de dados, uma linha AB desenhada na marca 10 representa a diluição de baixo nível de E-coli (10cfu/100ml).

Pode observar-se que a maioria das detecções pelos métodos é inferior a 10cfu/100ml, com exceção de algumas, que podem ser devidas a alguma anomalia ou erro.

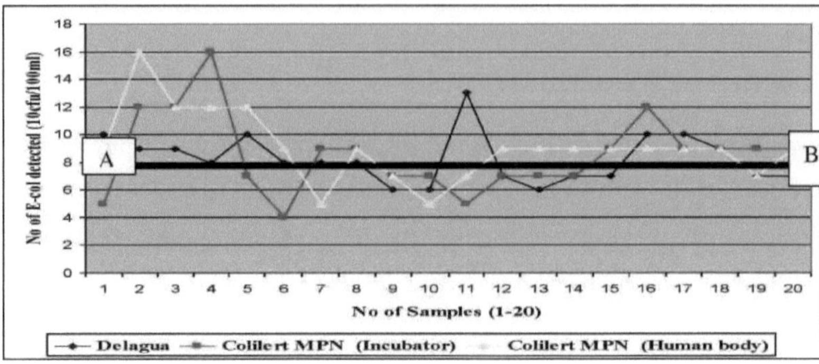

Figura 34: Comparação gráfica dos métodos

A Petrifilm não está incluída nesta comparação, devido à falta de resultados a um nível baixo (diluição de 3rd).

Para comparar a precisão (fiabilidade) de cada método, é utilizado o erro padrão para tornar a análise simples e fácil de seguir. A pontuação média com o erro padrão mais pequeno fornece uma estimativa mais fiável do valor real do que a pontuação média com um erro padrão mais elevado.

Como se pode ver na Tabela 24, o método Delagua é mais fiável do que os outros métodos, com um erro padrão de 0,396; seguido do método NMP Colilert, que utiliza o corpo humano para incubar a E-coli, com um erro padrão de 0,561. O método Colilert MPN, que utiliza uma incubadora, deve ser considerado a seguir, com um erro padrão de 0,6343. O método Petrifilm tem um erro-padrão de 9,883, o que demonstra que é muito pouco fiável em diluições de baixo nível (3rd).

A ordem crescente dos erros-padrão de 0,396, 0,561, 0,6343 e 9,883 indica que a precisão ou fiabilidade dos métodos diminui. Assim, o Delagua é o mais fiável, seguido do Colilert MPN que utiliza o corpo humano, depois o Colilert MPN com a incubadora e, finalmente, o método Petrifilm parece ser o menos fiável.

Quadro 2 4 : Variabilidade dos três métodos nível baixo (3ª diluição) (10cfu/100ml)

	Delagua	Colilert MPN		Petrifilm	
		Incubadora	Corpo humano	Incubadora	Corpo humano

Média	8.25	8.55	9	25	0
Desvio padrão	1.773	2.837	2.511	44.2	0
Coeficiente de variação	0.215	0.331	0.279	1.7768	0
Variabilidade relativa	21%	33.1%	27.9%	177.68%	0
Erro padrão	0.396	0.6343	0.561	9.883	-

É necessário quantificar a precisão com um valor, para que estes valores possam ser utilizados mais tarde para calcular a Análise Comparativa do Desempenho (CPA) (ver secção 4.7). Assim, à discrição do autor e com base no valor dos erros padrão obtidos na Tabela 24 acima, a exatidão é classificada entre 0 e 10, como se mostra na Tabela 25 abaixo, em que 0 é o método menos exato e 10 o mais exato.

Quadro 2 5 : Classificação dos métodos

Delagua	Colilert MPN		Petrifilm	
	Incubadora	Corpo humano	Incubadora	Corpo humano
9	6	7	2	0

Como se pode ver na Tabela 25, o método Delagua é o mais exato, relativamente com um valor de 9, seguido dos resultados do NMP Colilert utilizando o corpo humano com um valor de 7, seguido do NMP Colilert com uma incubadora com 6.

O Petrifilm utilizando a incubadora obteve 2 pontos e no corpo humano, 0, e apenas a um nível baixo (3rd diluição).

4.10 AVALIAÇÕES DO PROCEDIMENTO EXPERIMENTAL

Para garantir a exatidão de todos os resultados experimentais, todos os processos experimentais foram cuidadosamente seguidos e registados com precisão. (O Apêndice B mostra todos os procedimentos experimentais para cada método). Os critérios de comparação para todos os métodos incluem a sua facilidade de utilização, bem como os procedimentos analíticos necessários e a exatidão do resultado final.

A facilidade de utilização refere-se à propriedade de um produto ou coisa que um utilizador pode operar sem ter de ultrapassar uma curva de aprendizagem acentuada

(Wikipedia, 2005). Uma curva de aprendizagem "acentuada" significa que algo é difícil de aprender. Para reforçar este ponto, basta passar por alguns procedimentos experimentais. Os procedimentos difíceis são muitas vezes aqueles que são difíceis de seguir imediatamente ou são procedimentos longos devido ao número de tarefas envolvidas e ao tempo necessário para as realizar. A partir desta simples ilustração, pode deduzir-se que é necessária alguma experiência e competências para realizar algumas destas experiências.

Nesse sentido, para efeitos desta investigação, a facilidade de utilização de um método é determinada considerando todo o procedimento experimental desse método, nomeadamente: (1) número de passos para o procedimento experimental, (2) preparação do equipamento e (3) número de passos envolvidos na preparação do meio.

Se analisarmos os três itens acima enumerados em relação à facilidade de utilização de um método, verifica-se uma relação inversa entre a facilidade de utilização e o procedimento experimental. Assim, um procedimento experimental complexo pode ser considerado como tendo uma "baixa" facilidade de utilização e *vice-versa.*

A relação entre a facilidade de utilização e o procedimento experimental pode ser expressa matematicamente da seguinte forma **Facilidade de utilização=1/Procedimento experimental.**

Como se pode ver na Tabela 26 abaixo, 0,33 (1/3) é o valor mais alto para Petrifilm e Colilert P/A, seguido de Colilert MPN com um valor de 0,20 (1/5) e, por último, o método Delagua com um valor de 0,04 (1/25). Se classificarmos estes métodos; na escala de facilidade de utilização, Petrifilm e Colilert P/A estarão no topo, seguidos de Colilert MPN e, por último, Delagua no fundo da classificação. Isto significa que os métodos Petrifilm e Colilert PA são fáceis de utilizar, seguidos do Colilert MPN e que o método Delagua não é fácil de utilizar.

Quadro 2 6 : Classificação da facilidade de utilização

	Método Delagua	Método Colilert		Petrifilm
		P/A	MPN	Método

Número de passos para o procedimento experimental / preparação do meio preparação do equipamento.	25	3	5	3
Facilidade de utilização (classificação).	0.04*(1)	0.33*(8)	0.20*(5)	0.33*(8)

** estes valores são multiplicados por um fator de 100 e divididos pelos produtos mais pequenos 4*

Isto mostra claramente que o método Delagua pode não ser desejável para utilização em testes de campo durante emergências. A necessidade de resultados rápidos, o longo procedimento e o elevado nível de competências necessárias para testar a qualidade da água são caraterísticas do método Delagua e tornam-no impraticável como teste de campo rápido.

Quando resultados exactos não são tão importantes, como quando é necessário um valor aproximado para o nível de contaminação para que a água possa ser tratada em conformidade, o método Delagua não é o método de escolha. Ver Quadro 8 que mostra a norma de coliformes fecais do MSF.

1.1.11 Análise do processo experimental

Para uma análise mais aprofundada dos procedimentos experimentais, foram selecionados quatro critérios, conforme indicado no quadro 27.

Quadro 2 7 : Comparação do processo experimental

Critérios	**Método Delagua**	**Método Colilert**		**Método Petrifilm**
		P/A	**MPN**	
Facilidade de utilização	0.04	0.33	0.20	0.33
Tempo para concluir um procedimento	10min.	2min	12min	2min
Tempo para obter os resultados	24 horas	18 horas	18 horas	24 horas

Temperatura de incubação	44,5⁰ C	35 C⁰	35 C⁰	35 C⁰

Como se pode ver na tabela acima, o método de Delagua demora 10 minutos a completar um procedimento experimental, embora o método NMP Colilert demore 12 minutos, o que se deve ao facto de implicar retirar 10 ml da embalagem de 100 ml de Colilert, diluir a amostra e transferi-la para 10 tubos de ensaio. Assim, embora o método consuma mais tempo do que o método Delagua, os processos envolvidos não são tão difíceis, tornando-o muito fácil de utilizar em comparação com o Delagua. Os métodos Colilert P/A e Petrifilm demoram, cada um, 2 minutos. O método Delagua requer um elevado nível de formação e experiência, o que dificulta a sua utilização por leigos, uma vez que, embora todo o procedimento demore 10 minutos com um utilizador experiente e hábil, são necessários 25 passos para efetuar cada análise.

O método NMP Colilert seguiu o Delagua, levando 5 passos para completar uma análise, embora em 12 minutos. Embora o NMP Colilert demore mais tempo do que o Delagua, o número de passos do procedimento e a preparação do equipamento são menores, tornando-o fácil de utilizar. Por conseguinte, não requer um elevado nível de competências e formação para ser manuseado.

Os métodos Petrifilm e Colilert (P/A) requerem menos tempo para completar uma análise com um procedimento experimental em três fases. Por conseguinte, a formação e a experiência para utilizar estes métodos e interpretar os resultados são mínimas.

Para aprofundar a análise do processo experimental, é utilizada uma programação de compromisso, uma técnica de decisão com critérios múltiplos (MCDM), para comparar os processos experimentais utilizando os três métodos adequados para utilização no terreno. Ver secção 3.7.4 para mais pormenores sobre a técnica MCDM.

1.1.22Análise da técnica MCDM.

Os quatro critérios selecionados são ordenados, entre valores de peso de 0 e 1, dando os factores de ponderação a cada critério e os factores de ponderação totais serão somados a 1. Estes valores indicarão relativamente os melhores e os piores métodos, calculando uma ponderação global para cada método.

Na MCDM, existem sempre pressupostos ocultos, opiniões individuais e objectivos. Para esta investigação, o foco é a utilização da análise numa emergência, onde pode não haver laboratório ou fonte de alimentação para a incubação. Nestas situações, o tempo é precioso e os resultados têm de ser obtidos o mais rapidamente possível, o que torna indesejáveis procedimentos longos.

Conforme indicado no quadro de decisão 28, são atribuídos pesos aos critérios. Estes pesos reflectem a importância relativa de cada critério para a decisão e são assumidos como positivos. As ponderações dos critérios são normalmente determinadas numa base subjectiva, representando a opinião de um único decisor. Geralmente, durante as emergências, o tempo é muito precioso, o que requer um método disponível de determinação da contaminação que seja fácil de utilizar.

Na tabela de decisão, a facilidade de utilização está em primeiro lugar na lista, seguida do tempo para completar um procedimento (desde o início de uma experiência até ao fim), depois o tempo para obter os resultados e, em último lugar na tabela, a temperatura de incubação.

Quadro 2 8 : O quadro de decisão com a posição escalonada para cada método

	Delagua(x)	Colilert(x) MPN	Petrifilm(x)	Melhor (b)	Pior (w)	Factores de ponderação
Eu	0.04	0.20	0.33	1	0	0.4
Tc	10min	12min	2min	1min	15min	0.3
Tg	24 horas	18 horas	24 horas	12 horas	48 horas	0.2
É	44 C^0	35 C^0	35 C^0	35 C^0	44 C^0	0.1

Em que Eu= Facilidade de utilização, **Tc** = Tempo para completar um procedimento, **Tg** = Tempo para obter os resultados e It= Temperatura de incubação.

Com base na experiência do autor, à facilidade de utilização foi atribuído o fator de ponderação mais elevado de 0,4, o que indica a sua importância relativa e alta prioridade, seguido do tempo para completar um procedimento, ao qual foi atribuído 0,3. Ao tempo para obter os resultados foi atribuído um fator de ponderação de 0,2 e à temperatura de incubação foi atribuído o fator de ponderação mais baixo de 0,1.

A justificação para estes métodos é que, quando se efectua um exame microbiológico no terreno, especialmente durante emergências, são necessários métodos fáceis de utilizar; mesmo as vítimas podem efetuar os testes sem necessitarem de muita perícia e experiência. A facilidade de utilização e o tempo para completar o procedimento experimental andam a par, uma vez que, para que um método seja fácil, os passos do procedimento de teste devem ser curtos, fazendo com que o tempo para efetuar um teste seja curto. Nestas circunstâncias, um leigo pode facilmente seguir as instruções e recordá-las.

O tempo para obter os resultados deve seguir os dois critérios já mencionados, porque, quando o teste é efectuado, os resultados devem estar disponíveis o mais rapidamente possível, devido à necessidade de remediar rapidamente se a qualidade da água for tão má.

Inclui-se a temperatura de incubação, porque este é também um critério importante a ter em conta. Como vimos no relatório (secção 4.3.4), a diminuição da temperatura pode afetar a deteção de E-coli pelo método Delagua.

No entanto, outros métodos incubam a uma temperatura mais baixa de 35^{0} C, pelo que, se estes métodos puderem utilizar o corpo humano para incubar as bactérias, o que se provou ser possível durante esta investigação, podem tornar-se mais praticáveis para utilização no terreno do que o método Delagua.

Em situações de emergência, é importante facilitar a realização de testes no terreno com pouca perícia e experiência para efetuar e interpretar as leituras, bem como evitar o transporte de incubadoras volumosas no terreno.

As ponderações globais foram calculadas e os resultados são apresentados no Quadro 29 (ver secção 3.20. para mais pormenores sobre a metodologia e a forma como o cálculo é efectuado).

Nota: o método Colilert (P/A) é omitido da classificação porque tem quase os mesmos valores que o Petrifilm: facilidade de utilização (5), tempo para completar um procedimento (2min), temperatura de incubação (35^{0} C) e tempo para obter os resultados (18/24 horas).

Quadro 2 9: Resultado da classificação da MCDM

	Delagua	Colilert MPN	Petrifilm
Eu	0.04 (0.4)	0.2 (0.4)	(0.33)(0.4)
Tc	0.4 (0.3)	0.2 (0.3)	(0.9) (0.3)
Tg	0.7 (0.2)	0.8 (0.2)	(0.7) (0.2)
É	0 (0.1)	1 0 (0.3)	(1.0) (0.1)
Total	0.276*(3)	0.4*(4)	0.642*(6)

**Os valores são multiplicados por um fator de 10 e aproximados a números inteiros.*

Normalmente, um valor de classificação mais elevado significa um melhor desempenho da alternativa, pelo que a alternativa com o valor de classificação mais elevado é a melhor das alternativas. Com os resultados acima, o método Petrifilm tem o valor mais elevado (0,642), seguido do método Colilert MPN (0,4) e, por último, do método Delagua (0,276). Quando os resultados são convertidos em números inteiros, multiplicando-os por um fator de 10, a classificação passa a ser aproximadamente 3, 4 e 6, o que segue uma tendência semelhante à da facilidade de utilização calculada: Petrifilm (8), Colilert (MPN) (5) e Delagua (1). (Ver Quadro 29), o Petrifilm continua a ter a classificação mais elevada, seguido do Colilert MPN e, por último, do Delagua. Mas os valores não estão na mesma proporção, quando os dois resultados são comparados.

Quadro 3 0 : Comparação das duas classificações

	Delagua	Colilert (MPN)	Petrifilm
Classificação A	1	5	8
Classificação B	3	4	6

Na classificação A, a diferença de resultados entre Delagua / Colilert (NMP) e Colilert (NMP) / Petrifilm é de 4 e 3, respetivamente. E na classificação B, a diferença entre Delagua / Colilert (MPN) e Colilert (MPN) / Petrifilm é de 1 e 2, respetivamente. A outra observação importante é a diferença entre Delagua e Petrifilm em ambos os lados da classificação, é 7 na classificação A e 2 na classificação B. Indicando que as duas classificações são desproporcionadas, mas cada método dá a mesma ordem da classificação.

A descida da classificação de Colilert MPN de 5 para 4 e a proximidade de Delagua na classificação B devem-se ao tempo necessário para completar um teste, que demora mais 2 minutos do que Delagua. Além disso, as diferenças entre as classificações B e A devem-se a outros critérios adicionais que afectam o conjunto de cada processo. Por exemplo, o tempo para obter resultados no método Colilert (NMP) é de 18 horas, o que é inferior ao método Petrifilm, que demora 24 horas, tornando o método Colilert (NMP) mais próximo do Petrifilm na classificação B (4/6) do que na classificação A (5/8).

Em conclusão, o método Petrifilm é o mais adequado no terreno, seguido dos métodos Colilert MPN e Delagua. Tem a pontuação mais elevada em ambas as classificações (8 e 6), (média 7) três vezes e meia a classificação de Delagua (1 e 3) (média 2). O Colilert situa-se no meio, em comparação com os outros dois métodos, com classificações de 5 e 4 (média 4,5).

Isto torna o método Petrifilm mais adequado, mas não fiável em termos de deteção da E-coli, quando o nível de contaminação é baixo. O método Delagua, embora mais exato, foi classificado com uma classificação baixa porque é difícil de utilizar, requer elevados níveis de competência e experiência e é muito pesado para transportar. Esta combinação de factores torna difícil a sua utilização no terreno, especialmente em situações de emergência.

Se fizermos o balanço das limitações dos dois métodos Colilert, o Colilert (P/A) deve ser considerado adequado para o teste no terreno dos parâmetros microbiológicos durante as emergências para detetar a presença ou ausência de E-coli. No entanto, não pode enumerar o nível de contaminação. O método Colilert NMP é limitado pelos seus resultados ambíguos quando utilizado para a deteção de níveis médios e elevados de contaminação, mas pode ser utilizado para a deteção e enumeração de níveis baixos de contaminação.

4.11 Risco de incubação no corpo humano?

Algumas das questões que podem ser levantadas estão relacionadas com a segurança da técnica e a sua capacidade de evitar a contaminação por E-coli? Com a utilização de tubos de ensaio com tampas apertadas e antes de os colocar no espaço dentro do casaco personalizado, foram limpos com toalhetes desinfectantes bacterianos.

Outra forma de proteger o ser humano contra qualquer possível contaminação é utilizar uma bolsa. Esta contém as amostras e pode ser atada à volta da cintura, tocando o corpo humano.

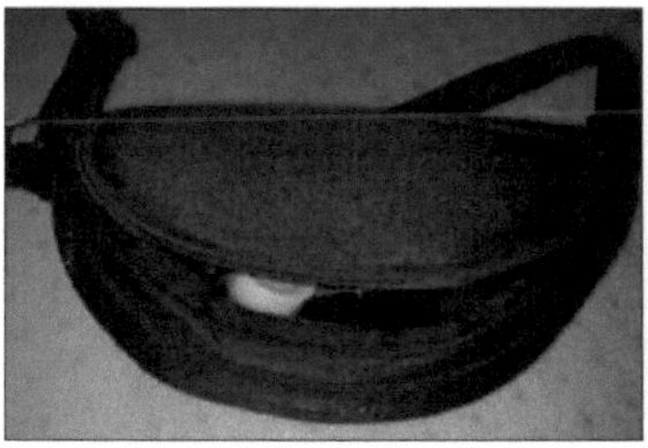

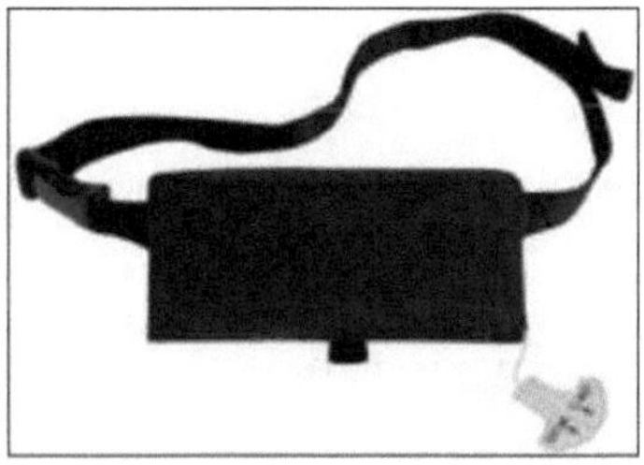

Figura 35 : Fotos da bolsa

Fonte: CameraHobby (2006)

As imagens acima são um exemplo da bolsa, que pode ser atada à cintura. No entanto, os tamanhos dependem da quantidade de amostras a testar de uma só vez. Para os métodos Petrifilm e Colilert (P/A), este tamanho de bolsa pode ser suficiente, mas o teste Colilert MPN necessita de uma bolsa de tamanho bastante grande.

Por exemplo, são necessários 10 tubos de ensaio por ensaio, pelo que, para apenas 5 ensaios, é necessário um total de 50 tubos de ensaio, o que representa um volume substancial para um dispositivo usado.

4.12 Influência ambiental no corpo humano

Pode argumentar-se que o calor externo ao corpo humano pode afetar os resultados, aumentando ou diminuindo a quantidade de calor necessária para a incubação.

De acordo com o Physics Factbook editado por Glenn Elert, "a temperatura normal do corpo de um ser humano adulto saudável e em repouso é de 37° C Celsius. Embora a temperatura corporal medida num indivíduo possa variar, um corpo humano saudável consegue manter uma temperatura corporal bastante consistente que ronda a marca dos 37° C". O intervalo normal da temperatura do corpo humano varia em função da taxa metabólica de um indivíduo; quanto mais elevada (mais rápida) for, mais elevada é a temperatura corporal normal e, do mesmo modo, quanto mais lenta for a taxa metabólica, mais baixa é a temperatura corporal normal. Outros factores que podem afetar a temperatura corporal de um indivíduo podem ser a hora do dia ou a parte do corpo utilizada para a incubação.

Além disso, de acordo com Nave (2005), o corpo humano tem a notável capacidade de regular a sua temperatura central entre 36,66°C e 37,77°C quando a temperatura ambiente se situa entre aproximadamente 20°C e 54°C. Isto pressupõe um corpo nu e ar seco. Essencialmente, a temperatura de incubação (35^0 C) para os métodos Colilert e Petrifilm pode ser controlada pela temperatura do corpo humano, que está constantemente a regular-se

4.13 AVALIAÇÕES DE CUSTOS

Os custos de capital e de consumíveis para cada método são indicados a seguir. Os traços na tabela significam que o item não é exigido ou necessário para a operação/função desse método.

O custo de capital de cada método baseia-se nos 1000 testes que podem efetuar.

Quadro 3 1 : Custos dos diferentes métodos

	Delagua (£)	Colilert (£)	Petrifilm (£)
Custo do capital	1,666.42	3,000.00	1,159.00
Toalhetes desinfectantes bacterianos (160)	7.30	7.30	7.30
Filtros de membrana e almofada (200 peças)	35.00	-	-
Dispensador de almofadas	6.30		
MLSB em pó 500g	27.32	-	-
Metanol	51.00	-	-
Queimadores	12.00	-	-
Tubos de ensaio (100 ml)	-	179,00 (1000 unidades)	-
Seringas (2ml) 100 unidades	8.50	-	14.80
Lâmpada UV de 6 watts	-	15.00	-

Incubadora	-	425.00	425.00
Custo total	**£1813.84**	**£3626.30**	**£1606.10**

O custo total de cada método apresentado no quadro acima baseia-se no custo do capital, dos consumíveis e de outros materiais necessários para as suas funções e para a produção de resultados exactos.

A avaliação do custo dos ensaios por cada 1000 amostras tenta levar o custo a um certo nível de igualdade. Mas isso pode ser difícil porque cada método não tem o mesmo conteúdo nem utiliza os mesmos acessórios.

Excluindo o custo de outros consumíveis, custará 0,24 € de consumíveis para efetuar um teste com Delagua, pelo que custará mais 192 € para efetuar 800 testes, uma vez que o kit Delagua é fornecido com consumíveis que podem efetuar 200 testes. O custo total será de 166,42€/1000 testes, e os testes têm de ser efectuados antes da data de validade e do tempo de vida dos consumíveis Delagua.

Para um pacote de 1000 testes Colilert snap pack, o custo é de £3.000, e se forem armazenados corretamente duram até 12 meses a 2-30°C, longe da luz solar.

O custo de 1000 amostras para Petrifilm é de £1.159, com uma vida útil de 18 meses a partir da data de fabrico. O kit deve ser utilizado no prazo de um mês após a sua abertura. Isto irá provavelmente causar desperdício quando a embalagem aberta de Petrifilm não for utilizada após um mês.

Os outros custos que são necessários para obter resultados exactos e que, por isso, merecem ser mencionados, mas que não são possíveis de quantificar, são enumerados a seguir:

O detergente em pó, utilizado para lavar o aparelho de filtração Delagua e os tubos de ensaio utilizados para o Colilert MPN, é difícil de quantificar em termos de valor monetário, tal como o isqueiro utilizado para queimar as pinças e o metanol para esterilizar o aparelho de filtração e as placas de Petri. No entanto, estes factores aumentam o custo, especialmente no caso do método Delagua.

É de notar que o custo global pode ser reduzido para os métodos Colilert e Petrifilm da seguinte forma: A incubadora convencional pode ser substituída pelos métodos Colilert e

Petrifilm, utilizando um colete personalizado ou colocando as amostras no bolso. O colete utilizado para a investigação custou 39,80€, o que é consideravelmente menos dispendioso do que a incubadora convencional. Além disso, os tubos de ensaio utilizados nos métodos Colilert podem ser lavados e reutilizados.

Em conclusão, o método Colilert tem um custo mais elevado (£3.000), seguido do método Delagua (£1666,42), mas o seu procedimento experimental utiliza mais consumíveis, como desinfectantes e materiais de limpeza. O custo do Petrifilm é o mais baixo, 1.159€.

4.14 PORTABILIDADE

O termo é definido pela Encarta como "facilmente deslocável, concebido para ser suficientemente leve ou compacto para ser transportado ou deslocado facilmente de um sítio para outro". Nesta investigação, a portabilidade é vista como o transporte dos métodos para a zona de emergência e para transportar os kits no terreno. A partir destas definições, é evidente que a portabilidade é uma função do peso e das dimensões. Para avaliar a portabilidade de cada método, por observação, o Petrifilm é altamente portátil, tanto em termos de peso como de dimensões. O peso do Colilert MPN depende do número de amostras a testar. Para um teste, são necessários 10 tubos de ensaio de 10 ml, que pesam 0,126 kg, enquanto o aparelho Delagua é menos portátil no terreno em caso de emergência, com um peso de 10 kg e dimensões de 370 x 140 x 260 mm.

Para classificar e quantificar cada método numa escala, o Delagua estaria num extremo da escala porque é muito volumoso em comparação com o Colilert e o Petrifilm. O Delagua apresenta-se sob a forma de uma caixa com todos os acessórios; o Colilert apresenta-se numa caixa com 200 pacotes de encaixe ou com tubos de ensaio. O Petrifilm tem o tamanho de uma carta de jogo, o que permite que seja facilmente guardado no bolso.

Os métodos são classificados em termos de portabilidade, utilizando uma escala de 1 a 10, de acordo com o critério e a experiência do Adegbite, sendo 1 o método menos portátil e 10 o método mais portátil.

4.15 DURABILIDADE

A partir das várias definições, a durabilidade pode ser vista tanto em termos económicos como físicos. Em termos económicos, é definida como: "capaz de durar": "durar muito tempo, especialmente sem sofrer danos ou desgaste". Em termos físicos, a durabilidade está relacionada com a dureza, a força, a robustez, a estabilidade, a resistência e a indestrutibilidade.

A partir das duas definições, a durabilidade tem a ver com o tempo de vida e com o grau de delicadeza do método ou dos seus acessórios e com o valor que podem dar em relação aos seus custos, o que o Adegbite considera um desafio e uma dificuldade de avaliação. Na opinião do autor, o Delagua é mais durável do que qualquer outro método, embora seja volumoso, mas muito resistente e robusto.

Para quantificar a durabilidade, o prazo de validade de cada método é utilizado para atribuir um valor, que é medido em anos. Assim, o Delagua tem uma durabilidade de 2 anos (quando utilizado regularmente), o Colilert de 1 ano e o Petrifilm de 1 ano e 6 meses.

4.16 ANÁLISE COMPARATIVA DO DESEMPENHO (CPA)

A metodologia da CPA é analisada na secção 3.12

Quadro 3 2: Ponderações de importância

Critérios	Pontuações	Importância Peso
Procedimento experimental	10	31.3
Portabilidade	9	28.1
Exatidão das experiências resultados	7	21.8
Custo por 1000 amostras	5	15.6
Durabilidade	1	3.1
Total	**32**	**100**

As pontuações dos critérios variam entre 1 e 10, sendo atribuída ao Procedimento Experimental uma pontuação de 10, o que significa que é o critério mais importante, e aos outros critérios foram atribuídas pontuações de acordo com a sua importância relativamente aos outros e também às situações de campo e de emergência. Por exemplo, a durabilidade tem pouco efeito durante as emergências; foi pontuada com 1, porque não faz sentido armazenar um produto (porque vai durar mais tempo) durante as emergências.

O procedimento experimental, que está relacionado com a facilidade de utilização de um método, tem uma pontuação de 10, e o segundo fator mais importante é a portabilidade (9) do método, porque não vale a pena perder tempo em situações de emergência utilizando um método com procedimentos morosos, com elevados requisitos de competência e experiência para a sua utilização e, ao mesmo tempo, que é muito volumoso para transportar.

A exatidão dos resultados não é a coisa mais importante durante as emergências, a fim de lidar com quaisquer problemas de qualidade da água de forma adequada, e é por isso que os MSF usam uma gama de níveis de patogénicos microbiológicos durante as emergências e estabelece o tipo de tratamento que deve ser usado (ver Tabela 8). Se o nível de coliformes fecais for < 10cfu/100ml, a água é considerada boa. Quando o nível é de 10-100cfu/100ml, o tratamento deve ser efectuado, se possível, mas a água pode ser consumida tal como está. No entanto, se o nível se situar entre 100 e 1000cfu/100ml, a água deve ser tratada e quando o nível de contaminação for >1000cfu/100ml, a água deve ser rejeitada ou objeto de um tratamento muito rigoroso.

Quadro 3 3 : Posições escalonadas de cada critério para os três métodos

	Melhor valor plausível	**Pior valor plausível**	**Delagua**		**Colilert MPN**		**Petrifilm**	
			Valor	**Pontuação**	**Valor**	**Score**	**Valor**	**Pontuação**
Experiência e procedimento	10	0	3	**0.30**	4	**0.40**	6	**0.60**
Portabilidade	10	0	1	**0.10**	7	**0.70**	9	**0.90**
Exatidão de								
Resultados da experiência	10	0	9	**0.90**	7	**0.70**	2	**0.20**

Custo por 1000 amostras	£115 9	£3000	£166 6.4	**0.72**	£300 0	**0**	£115 9	**1.0**
Durabilidade	5 anos	0yr	2 anos	**0.4**	1 ano	**0.10**	1,2 anos s	**0.12**

Para além dos valores obtidos em avaliações anteriores e das pontuações calculadas a partir das fórmulas apresentadas na secção 3.12, os valores menos e mais plausíveis para os três primeiros critérios (ver quadro 32) baseiam-se na classificação anterior de 0-10. Os valores de durabilidade baseiam-se no tempo de vida dos métodos fornecidos pelos fabricantes.

Quadro 3 4 : Pontuações da avaliação global

	Pontuação			Importância Peso	Pontuação ponderada		
	D	C	P		D	C	P
Experimental Procedimento	0.30	0.40	0.60	31.3	9.39	12.52	18.78
Portabilidade	0.10	0.70	0.90	28.1	2.81	19.67	25.29
Exatidão de Resultados experimentais	0.90	0.70	0.20	21.8	19.62	15.26	4.36
Custo por 1000 amostras	0.72	0	1.0	15.6	11.23	0	15.6
Durabilidade	0.4	0.10	0.12	3.1	1.24	0.31	0.372
TOTAL					**44.29**	**47.76**	**64.40**

As pontuações globais finais foram 44,29 para Delagua, 47,76 para Colilert (MPN) e 64,40 para Petrifilm (numa escala de 0 a 100). Os valores darão um rácio de 1: 1,1: 1,5, o que indica que as posições de todos os métodos se agruparão quando classificados na mesma escala de desempenho. Isto mostra que nenhum método é superior a outro com base nos quatro critérios de avaliação considerados.

O elevado valor do Petrifilm deve-se à sua facilidade de utilização, com base no menor número de passos do seu procedimento experimental, e à sua elevada portabilidade e baixo custo, em comparação com outros métodos. O método Delagua tem um valor baixo devido ao facto de ser difícil de utilizar, devido ao grande número de passos do seu procedimento experimental. Além disso, a sua natureza volumosa faz com que tenha uma classificação baixa. O método NMP Colilert situa-se no meio dos dois, mas muito próximo do método Delagua em termos de desempenho. Em resumo, com base nos resultados, o método Petrifilm deve ser preferido para utilização no terreno em situações de emergência, seguido do Colilert MPN e depois do método Delagua, que deve ser o último a ser considerado, exceto se os dois primeiros não estiverem disponíveis.

4.9 RESUMO DE TODAS AS AVALIAÇÕES

Uma das outras formas de comparar e considerar um método em relação a outro é enumerar a sua importância e comparar a sua preferência. Uma comparação das suas vantagens/desvantagens e limitações também é útil, como na secção 3.

4.17 A matriz de classificação da decisão

É adotado o método de UncleMaxsays (Soluções para pequenas empresas): Começando com a linha Delagua, comparar a sua preferência com cada uma das outras alternativas.

Registar uma pontuação de 1 quando Delagua é a mais preferida e uma pontuação de 0 quando uma das alternativas da coluna é a mais preferida. Continue pontuando para cada alternativa em cada linha. Na coluna "Soma das linhas", é introduzido o total da pontuação para cada linha.

A pontuação mais elevada é classificada em 1º lugar e as outras pontuações são classificadas em conformidade.

Quadro 3 5: Matriz de classificação das decisões

Alternativas	Delagua	Colilert (MPN)	Petrifilm	Soma de linhas	Classificação

Delagua		0	0	0	3rd
Colilert (MPN)	1		1	2	1º
Petrifilm	1	0		1	2nd

A partir da Tabela 4.10, o NMP Colilert está classificado em 1st , seguido do Petrifilm e, por último, do método Delagua. A classificação indica que, em caso de emergência, o NMP Colilert deve ser considerado devido à sua importância e às vantagens que apresenta em relação aos outros dois métodos, seguindo-se o Petrifilm e, por último, o método Delagua, caso os dois primeiros não estejam disponíveis.

As vantagens de cada método em comparação com outros, ver Quadro 35, podem também ser uma ferramenta importante a utilizar em geral para comparar os métodos.

Quadro 3 6 : Combinação das vantagens de um método sobre o outro

	Delagua	**Colilert (MPN)**	**Petrifilm**
Delagua	-	Exatidão Durabilidade	Exatidão Durabilidade
Colilert	Facilidade de utilização Incubadora humana portátil Económico (menos desperdício)	-	Exatidão
Petrifilm	Facilidade de utilização Portabilidade Custo efetivo (menos desperdício) Possibilidade de incubação do corpo humano.	Durabilidade Rentável	-

Os métodos, listados ao longo das linhas, são comparados com os que se encontram ao longo das linhas. A tabela ajudará a escolher um método em detrimento de outro, tendo em conta as seguintes variáveis Exatidão, facilidade de utilização, custo-benefício e utilização do corpo humano como incubadora.

Por exemplo, se precisarmos de evitar uma incubadora volumosa e estivermos à procura de um método económico, o Colilert MPN e o Petrifilm podem ser considerados. Mas se for necessário obter uma leitura exacta, então o Colilert MPN deve vir em primeiro lugar. Além disso, os dois podem ser utilizados em simultâneo; o Colilert MPN pode ser utilizado para contaminações de baixo nível, enquanto o Petrifilm pode ser utilizado para contaminações de alto nível.

CHAPTER 5

5.1 INTRODUÇÃO

A conclusão de qualquer investigação é a parte mais valiosa da mesma. Todos os materiais recolhidos não significam nada para o leitor enquanto não apresentar a conclusão a que chegou como resultado da investigação.

Este capítulo é utilizado para avaliar a finalidade e os objectivos da investigação, tal como indicado no primeiro capítulo. "Comparar diferentes métodos de teste da qualidade microbiológica da água no terreno durante emergências e determinar as suas vantagens e desvantagens relativas, em termos de tempo de funcionamento, custos, manuseamento, portabilidade, eficácia e eficiência, bem como quaisquer limitações."

São cinco os objectivos de investigação definidos para atingir o objetivo acima referido. A primeira parte do relatório centra-se estritamente na avaliação comparativa de três métodos (Delagua, Colilert e Petrifilm) para o exame microbiológico da água no terreno durante situações de emergência.

5.2 Resumo das conclusões

5.2.1 Exatidão

A exatidão é determinada pelo erro padrão. Quanto mais baixo for o erro padrão, mais consistentes e exactos são os resultados.

O método Delagua é mais exato do que os outros métodos, seguido do método Colilert MPN, que utiliza o corpo humano para incubar a E-coli. Curiosamente, o método Colilert MPN, que utiliza uma incubadora, é ligeiramente menos preciso e o método Petrifilm só é fiável em concentrações elevadas.

Numa escala de exatidão, o método Delagua tem uma classificação relativamente elevada com um valor de 9, seguido pelos resultados do Colilert MPN utilizando o corpo humano com um valor de 7, seguido pelo Colilert MPN com uma incubadora com 6. O Petrifilm utilizando a incubadora teve um valor de 2 e no corpo humano, 0, e apenas a níveis baixos de diluição.

5.2.2 Procedimento experimental

Se classificarmos estes métodos numa escala de facilidade de utilização, Petrifilm e Colilert P/A estarão no topo, seguidos de Colilert MPN e, por último, o método Delagua no fundo da classificação. Isto significa que os métodos Petrifilm e Colilert PA são fáceis de utilizar, seguidos do Colilert MPN e que o método Delagua não é fácil de utilizar. Na escala de classificação da facilidade de utilização com base no procedimento experimental, Delagua é 1, Colilert (P/A) 8, Colilert (NMP) 5 e Petrifilm 8.

Os métodos Petrifilm e Colilert (P/A) requerem menos tempo para completar uma análise com um procedimento experimental em três fases. Por conseguinte, a formação e a experiência necessárias para utilizar estes métodos e interpretar os resultados são mínimas.

O método Delagua pode não ser desejável para utilização em testes de campo durante situações de emergência. A necessidade de resultados rápidos, o longo procedimento e o elevado nível de competências necessárias para testar a qualidade da água são caraterísticas do método Delagua e tornam-no impraticável como teste de campo rápido.

5.2.3 Custo

Com base na avaliação dos custos por 1000 testes e no custo total, o método mais caro foi o Colilert MPN e P/A (£3000), seguido do método Delagua (£1666,42) e, por último, do método Petrifilm (£1159,00)

O custo da utilização dos métodos Colilert e Petrifilm pode ser significativamente reduzido através da utilização de uma bolsa ou colete personalizado para incubar no corpo humano.

5.2.4 Portabilidade

Numa escala de 1 a 10, sendo 1 o menos portátil e 10 o mais portátil, 8 é atribuído a Petrifilm, 6 a Colilert P/A, 5 a Colilert MPN e 1 ao método Delagua

Em conclusão, o Petrifilm é o mais portátil e mais barato de transportar para locais de emergência, seguido do Colilert P/A e do Colilert MPN, enquanto o Delagua é o menos portátil e mais caro de transportar para locais de emergência. Durabilidade

A durabilidade é quantificada com base no prazo de validade de cada método, medido em anos. O Delagua tem uma durabilidade de 2 anos (quando utilizado de forma regular e constante), o método Colilert tem uma durabilidade de 1 ano e o Petrifilm de 1 ano e 6 meses.

Assim, o Delagua é o método mais durável, muito resistente e robusto, seguido do Petrifilm. O Colilert é o menos durável, com um prazo de validade de apenas 1 ano, inferior ao do Petrifilm, que é de 1 ano e 6 meses, e ao do Delagua, que é de 2 anos. Os tubos de ensaio utilizados no método Colilert podem partir-se facilmente devido a um manuseamento incorreto.

5.3 Vantagens e desvantagens

Estas são as vantagens e vantagens dos diferentes quatro métodos para o exame microbiológico da água em situações de emergência.

5.3.1 Método Delagua

Vantagens

1. Os resultados são mais exactos do que os outros métodos.

2. Mais durável, com uma duração máxima de vida de 5 anos (não é desejável em situações de emergência).

3. Relativamente mais barato do que o método Colilert. (Não é desejável em situações de emergência).

Desvantagens

1. Será o método mais dispendioso de transportar para uma zona de emergência devido ao seu tamanho e peso.

2. É menos portátil para transportar.

3. Não é fácil de utilizar; implica procedimentos longos.

4. Requer uma elevada competência e experiência de utilização.

5. Ocupa um grande espaço de arrumação.

6. 3.2 Método Colilert (P/A)

Vantagens

1. É fácil de utilizar, com procedimentos curtos.

2. A sua utilização não requer elevados níveis de competência e experiência.

3. Produz resultados em 18-24 horas, sem necessidade de outros testes de confirmação.

4. É possível utilizar o corpo humano para a incubação.

5. É portátil durante os testes e pode ser facilmente transportado para a zona de emergência.

6. É adequado para os voluntários utilizarem e transportarem no seu corpo para incubação.

Desvantagens

1. Mais dispendioso do que os outros dois métodos.

2. Não pode enumerar o nível de contaminação.

5.3.3 Método Colilert (NMP)

Vantagens

1. É fácil de utilizar com procedimentos curtos.

2. A sua utilização não requer elevados níveis de competência e experiência.

3. Produzir resultados em 18-24 horas sem necessidade de testes de confirmação adicionais.

4. É possível a utilização do corpo humano para a incubação.

5. É portátil durante os testes e pode ser facilmente transportado para a zona de emergência.

6. Ocupa apenas um pequeno espaço de arrumação.

7É adequado para ser utilizado e transportado por voluntários para incubação.

Desvantagens

1. A NMP requer mais material de vidro e espaço se for utilizado o corpo humano para incubar as amostras e o transporte de uma grande quantidade de amostras pode ser desconfortável.

2. Não pode medir até um determinado número de amostras, quando existe um nível

elevado e um nível médio de contaminação. Os resultados não são ambíguos.

5.3.4 Método Petrifilm

Vantagens

1. É fácil de utilizar com procedimentos curtos.

2. A sua utilização requer uma formação normal e não requer níveis elevados de competência e experiência.

3. É o menos dispendioso de todos os métodos.

4. O mais portátil durante os testes e barato para transportar para as zonas de emergência.

5. Ocupa pouco espaço de arrumação.

6. As placas de Petrifilm são adequadas para serem utilizadas por voluntários e transportadas no corpo para incubação.

Desvantagens

1. O pequeno volume (1 ml por amostra) que pode ser testado, pode detetar qualquer contaminação a um nível baixo.

5.4 Conclusões gerais

1. Com base numa análise sistemática da exatidão, do procedimento experimental, do custo, da portabilidade e da durabilidade. Ao combinar a análise comparativa do desempenho e os resultados da Matriz de Classificação das Decisões, o Colilert (MPN) foi classificado em primeiro lugar, o Petrifilm em segundo e, por último, o método Delagua.

2. O método de Delagua não é muito adequado para o exame microbiológico da água quando se efectuam testes no terreno durante situações de emergência, uma vez que é muito volumoso, difícil e longo o procedimento experimental e requer uma elevada competência para ser utilizado.

3. O método Colilert (P/A) só pode ser utilizado para detetar a presença ou ausência de E-Coli em amostras de água.

4. O método Colilert (P/A) pode ser incubado eficazmente pelo corpo humano para detetar a presença ou ausência de E-coli.

5. O método Colilert (NMP) só pode ser utilizado para enumerar o nível de contaminação entre 0-23cfu/100ml de E-coli.

6. O método Colilert (NMP) pode utilizar o corpo humano como incubadora e pode detetar todos os níveis de contaminação.

7. O método Petrifilm só pode ser utilizado para enumerar níveis elevados de contaminação e não é adequado para níveis baixos e médios de contaminação.

8. O método Petrifilm pode utilizar o corpo humano ou uma incubadora convencional para enumerar níveis elevados de contaminação. Não é adequado para contaminações baixas e médias.

9. O corpo humano pode ser visto como uma técnica de incubação alternativa fiável para a deteção microbiológica de E-coli no terreno utilizando Colilert e Petrifilm em comparação com a incubação convencional. Tem vantagens por ser leve e fácil de usar como uma bolsa à volta da cintura, ao mesmo tempo que fornece resultados fiáveis. Trata-se de uma nova inovação no exame microbiológico da água, que dispensa a dependência exclusiva de incubadoras volumosas que dependem de uma fonte de alimentação.

10. A análise ANOVA não é fácil de analisar e seguir, ao contrário das estatísticas descritivas

5.6 RECOMENDAÇÕES.

Como resultado dos resultados da investigação, recomenda-se o seguinte aos Médicos Sem Fronteiras e a outras agências que trabalham no abastecimento de água em situações de emergência.

1. Devem ser testadas pelo menos quatro amostras de cada fonte de água, utilizando Colilert (P/A) para detetar a presença ou ausência de E-coli e estas podem ser incubadas no corpo humano.

2. Os resultados positivos acima referidos devem ser testados com Petrifilm (procedimento rápido e fácil de utilizar). Isto determinará se a contaminação é de alto nível

3. Se não for detectada a presença de E-coli, isso significa que o nível de contaminação é baixo. Nesse caso, deve utilizar-se o Colilert MPN para enumerar o número de E-coli nas amostras.

4. O Colilert (NMP) incubado no corpo humano pode ser utilizado para enumerar a contaminação de baixo nível no intervalo (0-23cfu/100ml) e pode ser utilizado para complementar o método Petrifilm para enumerar a contaminação de nível médio e elevado.

5. Uma pessoa pode incubar 10 tubos de ensaio (de 10 ml cada) no corpo de uma só vez para o método Colilert (NMP) durante 24 horas.

6. Pelo menos quatro lotes de 20 amostras de água podem ser testados utilizando o método Petrifilm e incubados no corpo humano de cada vez para enumerar qualquer nível de contaminação.

7. A utilização do corpo humano como incubadora deve ser promovida entre os habitantes das zonas rurais em áreas remotas onde não há laboratórios ou especialistas em qualidade da água qualificados e experientes para Colilert e Petrifilm para monitorização microbiológica da água potável.

8. É necessário desenvolver diretrizes para a utilização simples de estatísticas descritivas no terreno. Devido à dependência da utilização de software sofisticado como o Excel e o SPSS, os dados podem não estar disponíveis ou não ser fáceis de interpretar no terreno.

9. Como investigação futura, devem ser utilizadas diferentes fontes de água do campo para os métodos Colilert e Petrifilm quando se utiliza o corpo humano como incubadora: para testar numa situação real de campo

10. .1 Fluxograma do processo de avaliação no terreno para um ponto de abastecimento de água O procedimento para testar a presença de E-coli em pontos de abastecimento de água em situações de emergência

1. Efetuar o teste Colilert (P/A) (pelo menos 4).
2. Verificar os resultados após 24 horas.
3. Se os resultados forem negativos, a água é segura (sem E-coli).

4. Se não estiver satisfeito, repetir os passos 1-3.

5. Se os resultados forem positivos, existe a presença de E-coli.

6. O Petrifilm é utilizado para determinar o nível de contaminação, utilizando 4 lotes de 20 amostras. (Os resultados obtêm-se se a concentração de E-coli for elevada).

7. Verificar os resultados após 24 horas.

8. O Petrifilm detecta a E-coli (é um nível elevado de contaminação) -Planeia o tratamento da água.

9. Se não houver deteção/enumeração pelo Petrifilm, isso significa que a concentração de E-coli é baixa.

10. De seguida, utiliza-se o Colilert (NMP), um teste de 10 diluições.

11. Verificar os resultados após 24 horas.

12. Verificar o grau de contaminação - Planear o tratamento da água.

13. Repetir os passos 10-13, se não estiver satisfeito.

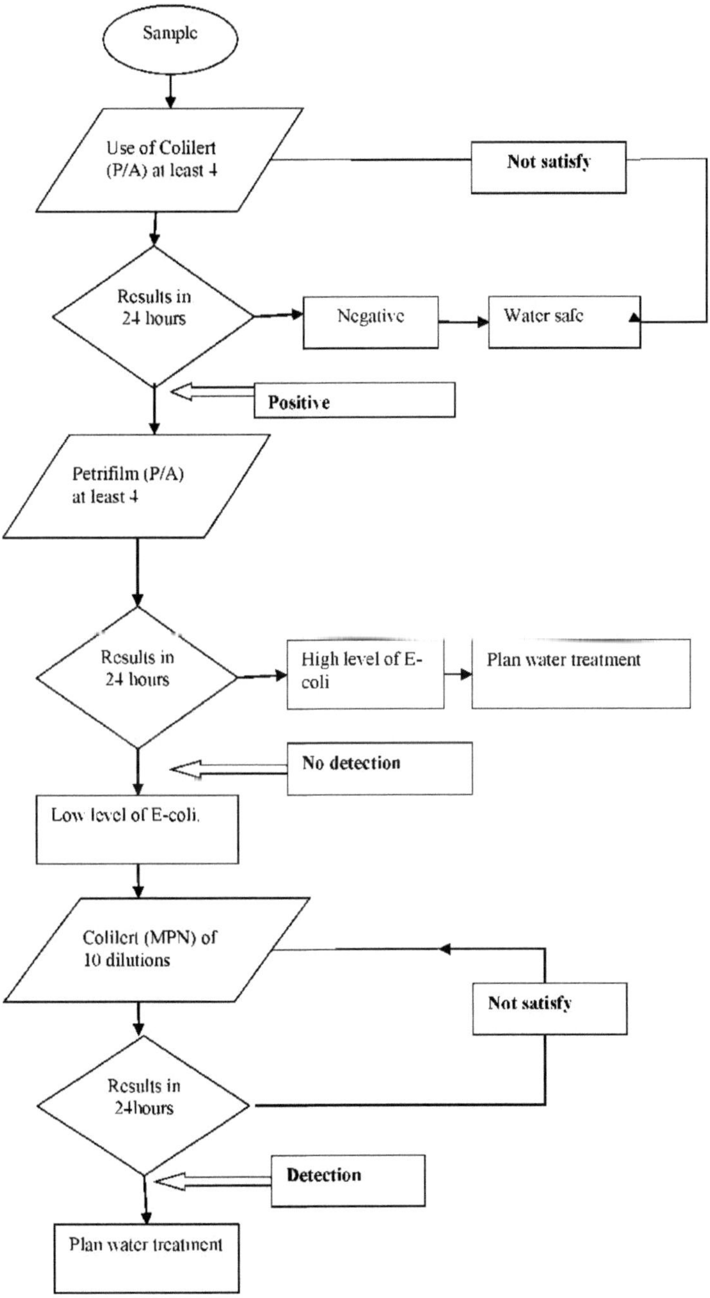
Sample
Use of Colilert
(P/A) at least 4
Not satisfy
Results in
24 hours
Negative
Water safe
Positive
Petrifilm (P/A)
at least 4
Results in
24 hours
High level of E-
coli
Plan water treatment
No detection
Low level of E-coli.
Colilert (MPN) of
10 dilutions
Not satisfy
Results in
24hours
Detection
Plan water treatment

REFERÊNCIAS

About (2006) Definição de custo: Glossário de Economia

< http://economics.about.com/library/glossary/bldef-cost.htm> 22 de julho de 2006

Adegbite, A.A. (2006) Fotografias tiradas pelo autor durante as experiências laboratoriais e avaliações no laboratório de microbiologia, engenharia civil e de construção da Universidade de Loughborough, junho de 2006.

Altman, D.G e Bland, J.M.(1994) Diagnostic tests 1 sensitivity and specificity. British Medical Journal volume 308 pp 1552.

Altman, D.G e Bland, J.M.(994) Diagnostic tests 3: receiver operating characteristic plots. British Medical Journal; volume 309 pp 188.

Altman, D.G e Bland, J.M. Statistical methods for assessing agreement between two methods o clinical measurement. The Lancet Medical Journal UK; 1986 pp 307-310.

Ahmed, F. M .e Rahman, M. () Water Supply and Sanitation: Rural and Low income urban communities. Capítulo 17 do ITN-Bangladesh.

Bartram, J. e Balance, R. (2001) Water Quality Monitoring: A practical guide to the design and implementation of freshwater quality studies and monitoring programmes. T J International Ltd UK Pg 215-261.

Chapman, D (1996) Water Quality Assessments: A guide to the use of Biota, Sediments and Water in Environmental Monitoring - 2ª edição.

Chatfield, C. (1992) Statistics for Technology: A course in Applied Statistics Chapman & Hall, UK

Chinn, S. (1990) The Assessment of Methods of Measurement: Statistics in Medicine, Vol. 9, 351-362 (1990)

Clark, J.A e el-Shaarawi, A.H (1993) Evaluation of commercial presenceabsence test kits for detection of total coliforms, Escherichia coli, and other indicator bacteria.

Jornal de Microbiologia Aplicada e Ambiental. Vol.59 (2): pp 380-388.

Cornish, R. e Gadsden, R. (2006) (membros da equipa do Centro de Educação

Matemática, Universidade de Loughborough) Comunicação pessoal.

Dofour, A., Snozzi, Koster, W., Batram, J., Ronchi, E. e Fewtrell, L. (2003) Assessing Microbial Safety of Drinking Water: improving Approaches and Methods, OMS, TJ International Ltd Padstow.

Dutka, B.J (1990) Review of the IDRC project to evaluate four simple, cheap cheap Microbial Water Quality Testing Procedures pg 1-10.

Dutka, B.J e El-Shaarawi A.H (1990) Use of Simple, inexpensive Microbial Water Quality Tests IDRC-MR247e Edited

Elert, G. (2005) Temperatura de um ser humano saudável (temperatura corporal): The Physics Factbook <http://hypertextbook.com/facts/LenaWong.shtml> (15 de agosto de 2006)

Fesselet, J.F (2006) (responsável pela água e pelo saneamento, MSF Amesterdão) Comunicação pessoal.

Graham, B.M (2005), Using Statistical Methods for Water Quality Management: issues, problems and solution Wiley and Sons.

Drouin, T. e Harvey, P. (2006) The Case for the Rope-Pump in Africa: Uma análise comparativa do desempenho. Journal of Water and Health.

(Não publicado).

Fricker, R.C., Niemela, S.I e Lee, J.L. (2000) European Method Comparison Trial for Coliforms and E.coli with Alternative Culture Methods: Relatório final.

Harvey, Peter (2006) (Supervisor de Projeto, Gestor de Programa, WEDC). Comunicação pessoal

Howard, A. G (2002) Water Supply Surveillance: A reference manual WEDC Loughborough University UK Pg 66-71

Hutton, L.G (1990) Field Testing of Water in Developing Countries: Centro de Investigação da Água em Inglaterra Pg 1-36

IDEXX (2006) Sítio Web da IDEXX. Disponível em:

< http : //www.idexx.com/water/colilert/> (10 de abril, 2006)

Karl F. Eckner, K. F.(1998) Comparison of Membrane Filtration and Multiple-Tube Fermentation by the Colilert and Enterolert Methods for Detection of Waterborne Coliform Bacteria, Escherichia coli, and Enterococci Used in Drinking and Bathing Water Quality Monitoring in Southern Sweden Journal of Applied and Environmental Microbiology. Vol. 64(8): pp 30793083.

Lowry, R. (2006) Concepts and Applications of Inferential Statistics < http://faculty.vassar.edu/lowry/webtext.html> 10 agosto, 2006

Lloyd, B.J e Bartram,.J.K (1991) Surveillance solution to microbiological problems in water quality control in developing countries. Water Science and Technology, Vol 24 issue 2 pp 61-75.

Milton, J.S. e Arnold, J.C (1990) Introduction to Probability and Statistics: Principles and Applications for Engineering and the Computing Sciences. McGraw Hill series USA 2nd edition.

Montgomery, D.C. e Runger, G.C. (994) Applied Statistics and Probability for Engineers. John Wiley and Sons, Inc Nova Iorque

Naganathan, N., Padmanabha Rao, K. e Rajalakshmi, R (1974) Cost of establishing and operating a tuberculosis bacteriological laboratory. Indian Journal of Tuberculosis Vol. XXI, No 4 <openmed.nic.in/1527/01/October_1974.pdf> 13 de junho de 2006.

Niemela, S.I., Lee, J.V e Fricker, C.R. (2003,) A comparison of the International Standards Organization reference method for the detection of coliforms and Escherichia coli in water with a defined substrate procedure. Journal of Applied Microbiology Vol.95 pp 1285-1292.

NICHSR (2004) Métodos de Análise de Custos: National Library of Medicine USA < http : //www.nlm.nih.gov/nichsr/hta101/ta10106. html> 13 de junho, 2006)

OSU (2006) Questionários enviados por correio: Gabinete de Investigação Social

<http://ches.okstate.edu/bsr/mailed.html> 13 de junho, 2006

Placa de contagem de E. coli 3M Petrifilm, notas de aula: Michigan State University <http : //www.msu.edu/course/fsc/441/3mc&ec.html > (22 de julho de 2006)

Revisão - Determinação Rápida de Escherichia coli e Enterococos em Águas Recreativas: Using Defined Substrate Technology, IDEXX Laboratories, Inc., Westbrook, Maine 2005.

Robens (2006) Oxfam -Delagua Water testing kit Robens Centre for Public and Environmental Health Website. Disponível em

:<http://www.rcpeh.co.uk/index.php?option=com_content&task=category&Sectionid=1&id=14&Itemid=157 > (24 de maio de 2006).

Rompré, A., Servais, P., Baudarta, J., Renée de-Roubinc, M. e Laurent, P. (2002) Detection and enumeration of coliforms in drinking water: current methods and emerging approaches Journal of Microbiological Methods Vol.49 (1) pp 31-54

Standard Methods for the Examination of Water and Wastewater, APHA- AWWA-WPCF 21ª edição.

StatSoft (2003) Estatística Básica <http://www.statsoft.com/textbook/stbasic.html#frequency%20tables>(15 de agosto de 2006)

Vigilância da qualidade da água potável: World Health Organization Monograph series No 63, Genebra 1976.

Vigilância e controlo: Conselho de Controlo dos Recursos Hídricos do Estado

Plano da Bacia da Baía de São Francisco, 2006

<www.swrcb.ca. gov/rwqcb3/WMI/Basin%20Plan/CH6.PDF > 09 de junho de 2006

Toop, K.E (2004) Evolution of Field Water Quality Testing, projeto de investigação de mestrado não publicado da WEDC Loughborough University

Trick, M.A. (1996) Tomada de decisão com critérios múltiplos para consultores: Analytic Hierarchy Process <

http : //mat.gsia.cmu.edu/mstc/multiple/node4 .html > (15 de agosto, 2006) UncleMaxsays (2005) Using of a Decision Ranking Matrix: Soluções para pequenas empresas

<http : //www.unclemaxsays .com/tool s/TL Dm decisionmatrix.php> 10 de agosto de 2006)

USACEHR (2005) Deteção de coliformes: Centro de Investigação em Saúde Ambiental do Exército dos EUA < http ://www.usacehr. org/> (30 de maio de 2006).

Vail, J.H., Morgan, R., Merino, F., Miller, R. e Ram, J.L. (2003) Enumeração de Escherichia coli de origem hídrica com placas de Petrifilm: Comparação com métodos padrão. Journal of Environmental Quality Vol. 32 pp 368-373.

Whatman (2006) Almofadas de nutrientes NutriDisk: Meios desidratados para testes microbiológicos <

http ://www.whatman.com/products/?pageID=7.61.409.298> (2 de junho de 2006)

OMS (2004) Guidelines for drinking water quality, Volume 1: Recommendations, 3rd Edition. Organização Mundial de Saúde: Genebra, Suíça.

OMS (2006) International meeting on the Management of Water Quality in Rural and Remote Communities, Alice Springs, Austrália: Conselho Nacional de Saúde e Investigação Médica

OMS (2006) Água, Saneamento e Saúde (WSH): Diretrizes para a qualidade da água potável, terceira edição

http : //www.who. int/water sanitation health/dwq/gdwq3/en/index.html 13

junho de 2006

Yenza (2006) Iniciar a sua investigação: Metodologia de investigação

< http : //www.nrf.ac.za/yenza/research/resmeth.htm> (2 de junho de 2006).

APÊNDICE

(1.1a) Processo laboratorial para o método Delagua

<table>
<tr><td></td><td>Processos</td><td colspan="3">Passos</td></tr>
<tr><td rowspan="2">1</td><td rowspan="2">Procedimento experimental</td><td colspan="3">Filtração por membrana</td></tr>
<tr><td colspan="3">10</td></tr>
<tr><td rowspan="2">2</td><td rowspan="2">Preparação dos suportes</td><td colspan="3">Caldo de Membrana de Lauril Sulfato (MLSB)</td></tr>
<tr><td colspan="3">5</td></tr>
<tr><td rowspan="3">3</td><td rowspan="3">Preparação dos equipamentos</td><td colspan="2">Placas de Petri</td><td>Aparelho de filtração (Esterilização)</td></tr>
<tr><td>Preparação</td><td>Esterilização</td><td rowspan="2">6</td></tr>
<tr><td>6</td><td>7</td></tr>
<tr><td rowspan="2">4</td><td rowspan="2">Incubação</td><td colspan="2">Calendário</td><td>Temperatura</td></tr>
<tr><td colspan="2">24 horas</td><td>44.50 C</td></tr>
<tr><td></td><td></td><td colspan="3"></td></tr>
<tr><td>6</td><td>Contagem e registo</td><td colspan="3">Fácil de contar
4 passos</td></tr>
</table>

(1.2a) Processo laboratorial para o método Colilert (Presença/Ausência)

<table>
<tr><td></td><td>Processos</td><td colspan="2">Passos</td></tr>
<tr><td rowspan="2">1</td><td rowspan="2">Procedimento experimental</td><td colspan="2">Sem filtração por membrana</td></tr>
<tr><td colspan="2">3</td></tr>
<tr><td rowspan="2">2</td><td rowspan="2">Preparação de Media (Nenhum)</td><td colspan="2">MUG e ONPG</td></tr>
<tr><td colspan="2">Tubos de ensaio pré-preparados 0</td></tr>
<tr><td>3</td><td>Preparação dos equipamentos</td><td>Placas de Petri</td><td>Aparelho de filtração (Esterilização)</td></tr>
</table>

	(Nenhum)	Preparação	Esterilização	0
		0	0	
4	Incubação	Calendário		Temperatura
		24 horas		350C
6	Contagem e registo			Sem contagem A cor é verificada 0

(1.3a) Processo laboratorial para o método NMP Colilert

	Processos	Passos		
1	Procedimento experimental	Não Diluição por filtração com membrana		
		5		
2	Preparação dos suportes	MUG e ONPG		
		Tubos de ensaio pré-preparados (adicionar a amostra de água). Medir o volume adequado para o conjunto de tubos de ensaio. 3		
3	Preparação dos equipamentos	Placas de Petri		Aparelho de filtração (Esterilização)
	(Nenhum)	Preparação	Esterilização	0
		0	0	
4	Incubação	Tempo		Temperatura
		24 horas		350C
6	Contagem e registo			Verificar e contar os tubos positivos e converter para a unidade de

		coliformes utilizando a tabela NMP (requer experiência e formação)

(1.4a) Processo laboratorial para o método Petrfilm

<table>
<tr><td></td><td>Processos</td><td colspan="3">Passos</td></tr>
<tr><td rowspan="2">1</td><td rowspan="2">Procedimento experimental</td><td colspan="3">Sem filtração por membrana</td></tr>
<tr><td colspan="3">3</td></tr>
<tr><td rowspan="2">2</td><td rowspan="2">Preparação dos suportes</td><td colspan="3">Sem preparação do suporte</td></tr>
<tr><td colspan="3">0</td></tr>
<tr><td rowspan="3">3</td><td rowspan="3">Preparação dos equipamentos</td><td colspan="2">Placas de Petri</td><td>Aparelho de filtração (Esterilização)</td></tr>
<tr><td>Preparação</td><td>Esterilização</td><td rowspan="2">0</td></tr>
<tr><td>0</td><td>0</td></tr>
<tr><td rowspan="2">4</td><td rowspan="2">Incubação</td><td colspan="2">Tempo</td><td>Temperatura</td></tr>
<tr><td colspan="2">24 horas</td><td>350C</td></tr>
<tr><td>6</td><td>Contagem e registo</td><td colspan="3">A E-coli pode ser contada num contador de colónias padrão
4</td></tr>
</table>

(1.5a) Tabela Índice NMP

<table>
<tr><td rowspan="3">N.º de tubos com reação positiva em 10 de 10 ml cada</td><td rowspan="3">MPN Índice/100ml</td><td colspan="2">Limites de confiança de 95% (Aproximado)</td></tr>
<tr><td>Inferior</td><td>Superior</td></tr>
<tr><td></td><td></td></tr>
<tr><td>0</td><td><1.1</td><td>0</td><td>3.0</td></tr>
<tr><td>1</td><td>1.1</td><td>0.03</td><td>5.9</td></tr>
<tr><td>2</td><td>2.2</td><td>0.26</td><td>8.</td></tr>
</table>

3	3.6	0.69	10.6
4	5.1	1.3	13.4
5	6.9	2.1	16.8
6	9.2	3.1	21.1
7	12.0	4.3	27.1
8	16.1	5.9	36.8
9	23.0	8.1	59.5
10	>23.0	13.5	Infinito

(1.6a) O colete personalizado

O colete personalizado com espaços para guardar os tubos de ensaio e o Petrifilm

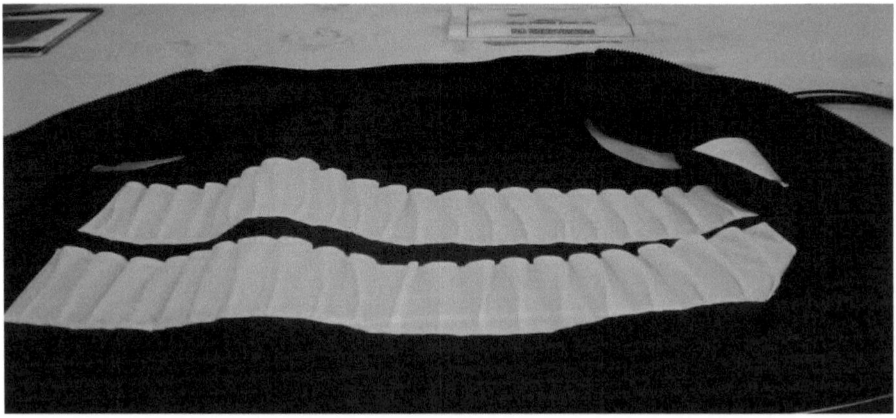

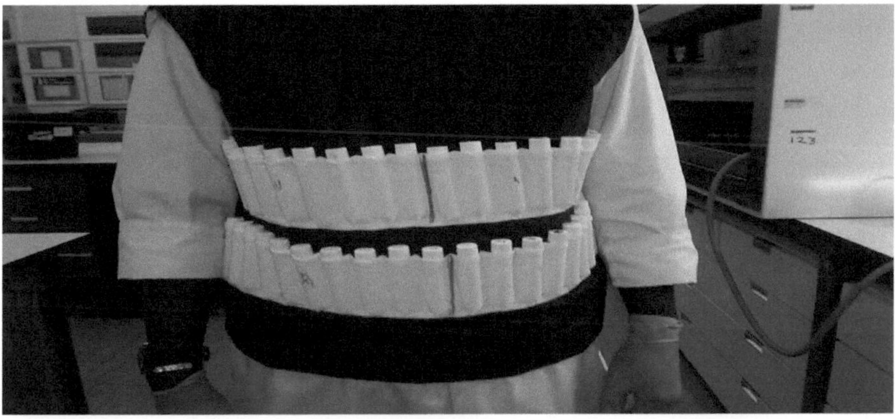

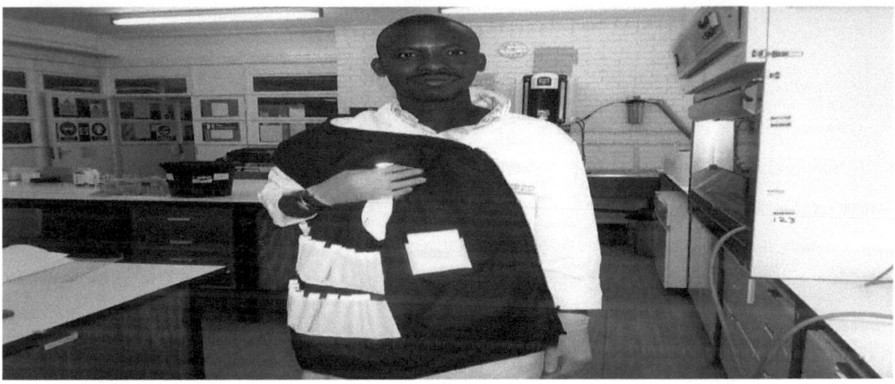

O colete personalizado usado do avesso mostrando os tubos de ensaio dos métodos Colilert

(1.7a) Análise ANOVA

A análise post hoc comparou os 5 métodos seguintes

1 Método Delagua

2 Colilert MPN (Incubadora)

3 Colilert MPN (Corpo humano)

4 Petrifilm (Incubadora)

5 Petrifilm (Corpo humano)

Os resultados da diluição de baixo nível (3rd) foram utilizados para comparação utilizando a análise Post hoc (uma análise ANOVA mais pormenorizada).

ANOVA

Resultados

	Soma de quadrados	df	Quadrado médio	F	Sig.
Entre grupos	4.476	4	1.1 19	2.791	.031
Dentro dos grupos	38.081	95	.401		
Total	42.557	99			

Resultados

Mle th od s		N	Su bset para alfa = .05
			1
Scheffe[a]	1	20	-.001 80 1
	4	20	.01 505 1
	3	20	.05642 2
	2	20	.09 040 3
	5	20	.562764
	Sig .		.103

São apresentadas as limpezas para grupos em subconjuntos ho^∩ogénicos.

a. Usa Har^∩oniclMeanSample Size =20 .000.

Comparações múltiplas

variável endente: Resultados

	(I) Métodos	(J) Métodos	Diferença média (I-J)	Erro Std.	Sig.	Intervalo de confiança de 95% Limite inferior	Limite superior
Sc effe	1	2	-.0922035	.2002131	.995	-.721203	.536796
		3	-.0582227	.2002131	.999	-.687222	.570777
		4	-.0168525	.2002131	1.000	-.645852	.612147
		5	-.5645646	.2002131	.103	-1.193564	.064435
	2	1	.0922035	.2002131	.995	-.536796	.721203
		3	.0339808	.2002131	1.000	-.595019	.662981
		4	.0753510	.2002131	.998	-.553649	.704351
		5	-.4723611	.2002131	.243	-1.101361	.156639
	3	1	.0582227	.2002131	.999	-.570777	.687222
		2	-.0339808	.2002131	1.000	-.662981	.595019
		4	.0413702	.2002131	1.000 .181	-.587630	.670370
		5	-.5063419	.2002131		-1.135342	.122658
	4	1	.0168525	.2002131	1.000	-.612147	.645852
		2	-.0753510	.2002131	.998	-.704351	.553649
		3	-.0413702	.2002131	1.000	-.670370	.587630
		5	-.5477121	.2002131	.122	-1.176712	.081288
	5	1	.5645646	.2002131	.103	-.064435	1.193564
		2	.4723611	.2002131	.243	-.156639	1.101361
		3	.5063419	.2002131	.181	-.122658	1.135342
		4	.5477121	.2002131	.122	-.081288	1.176712
LS I	1	2	-.0922035	.2002131	.646	-.489677	.305270
		3	-.0582227	.2002131	.772	-.455696	.339251
		4	-.0168525	.2002131	.933	-.414326	.380621
		5	-.5645646*	.2002131	.006	-.962038	-.167091
	2	1	.0922035	.2002131	.646	-.305270	.489677
		3	.0339808	.2002131	.866	-.363492	.431454
		4	.0753510	.2002131	.707	-.322122	.472824
		5	-.4723611*	.2002131	.020	-.869834	-.074888
	3	1	.0582227	.2002131	.772	-.339251	.455696
		2	-.0339808	.2002131	.866	-.431454	.363492
		4	.0413702	.2002131	.837	-.356103	.438843
		5	-.5063419*	.2002131	.013	-.903815	-.108869
	4	1	.0168525	.2002131	.933	-.380621	.414326
		2	-.0753510	.2002131	.707	-.472824	.322122

	3	-.0413702	.2002131	.837	-.438843	.356103
	5	-.5477121*	.2002131	.007	-.945185	-.150239
5	1	.5645646*	.2002131	.006	.167091	.962038
	2	.4723611*	.2002131	.020	.074888	.869834
	3	.5063419*	.2002131	.013	.108869	.903815
	4	.5477121*	.2002131	.007	.150239	.945185

*. A diferença média é significativa ao nível de 0,05.

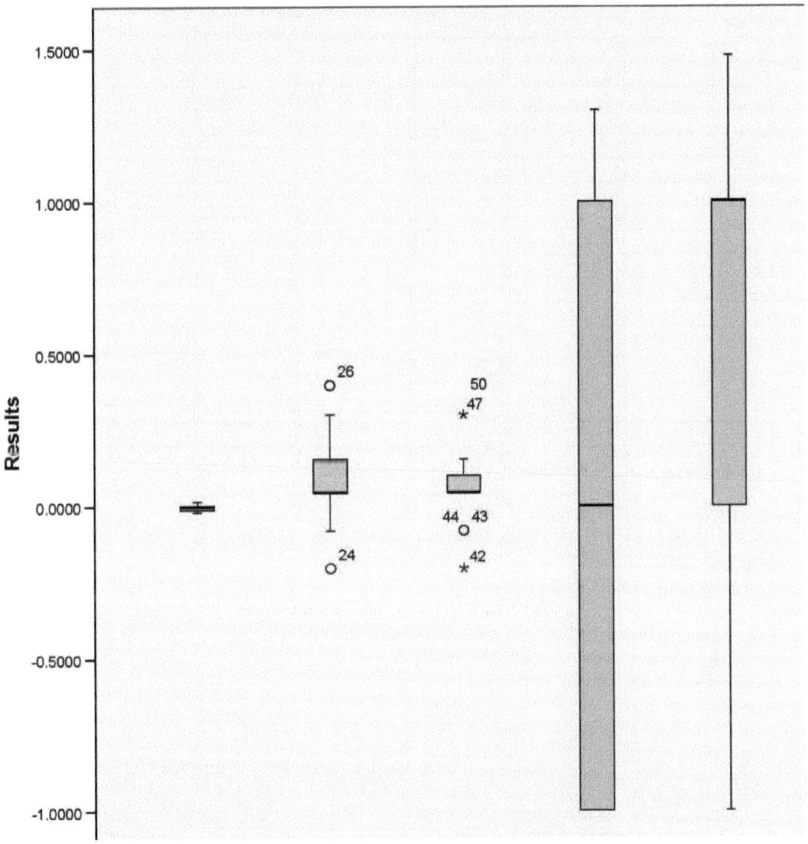

O gráfico de caixa para as comparações de todos os métodos

(1.8a) Resultados brutos dos métodos

Nível baixo 3ª) diluição (10cfu/100ml)

	Delagua 44 C⁰	Delagua 37 C⁰	Colilert (MPN)		Colilert(PZA)*		Petrifilm**	
			Incubadora	Corpo humano	Incubadora	Corpo humano	Incubadora	Corpo humano
1	10	12	5	9	1	0	0	0
2	9	2	12	16	1	1	0	0
3	9	10	12	12	0	1	0	0
4	8	2	16	12	1	1	1	0
5	10	8	7	12	1	1	1	0
6	8	5	4	9	1	1	0	0
7	8	8	9	5	1	0	0	0
8	8	5	9	9	1	0	0	0
9	6	2	7	7	0	1	0	0
10	6	2	7	5	1	1	1	0
11	13	6	5	7	1	1	1	0
12	7	5	7	9	0	1	0	0
13	6	11	7	9	1	1	0	0
14	7	7	7	9	0	0	0	0
15	7	7	9	9	1	1	0	0
16	10	5	12	9	1	1	0	0
17	10	6	9	9	1	0	0	0
18	9	7	9	9	1	1	0	0
19	7	5	9	7	1	1	0	0
20	7	5	9	9	0	1	1	0

* 1 representa resultados positivos, 0 representa resultados negativos

** Petrifilm medido em 1ml/100ml

Diluição de nível médio (2nd) (100cfu/100ml)

	Delagua 44 C⁰	Delagua 37 C⁰	Colilert (MPN)		Colilert(PZA)*		Petrifilm**	
			Incubadora	Corpo humano	Incubadora	Corpo humano	Incubadora	Corpo humano
1	90	10	>23	23	1	1	0	
2	92	10	>23	23	1	1	0	1
3	95	10	>23	23	1	1	2	1
4	96	10	>23	90	1	1	1	0
5	95	37	>23	>23	1	1	2	1
6	95	66	>23	>23	1	1	0	0
7	96	09	>23	>23	1	1	0	0
8	99	53	>23	>23	1	1	1	0
9	98	52	>23	>23	1	1	0	1
10	96	09	>23	>23	1	1	0	0
11	70	09	>23	>23	1	1	0	0
12	95	39	>23	23	1	1	0	1
13	90	13	>23	>23	1	1	0	0
14	95	49	>23	>23	1	1	0	0
15	95	39	>23	>23	1	1	0	0
16	95	39	>23	>23	1	1	1	0
17	98	35	23	>23	1	1	0	0
18	95	9	>23	>23	1	1	0	0
19	99	9	>23	>23	1	1	0	1
20	95	49	>23	23	1	1	1	0

* 1 representa resultados positivos, 0 representa resultados negativos

** Petrifilm medido em 1ml/100ml

Diluição de alto nível (1ª) (135cfu/100ml)

	Delagua 44 C⁰	Delagua 37 C⁰	Colilert (MPN)		Colilert(PZA)*		Petrifilm**	
			Incubadora	Corpo humano	Incubadora	Corpo humano	Incubadora	Corpo humano
1	130	125	>23	>23	1	1	1	3
2	135	130	>23	>23	1	1	1	2
3	130	35	>23	>23	1	1	2	1
4	140	135	>23	>23	1	1	0	1
5	140	90	>23	>23	1	1	1	1
6	135	100	>23	>23	1	1	1	1
7	135	101	>23	>23	1	1	0	1
8	137	101	>23	>23	1	1	1	0
9	130	101	>23	>23	1	1	0	3
10	135	105	>23	>23	1	1	0	1
11	135	140	>23	>23	1	1	0	1
12	134	140	>23	>23	1	1	1	1
13	141	140	>23	>23	1	1	1	0
14	135	141	>23	>23	1	1	0	1
15	135	125	>23	>23	1	1	1	0
16	141	100	>23	>23	1	1	0	1
17	140	100	>23	>23	1	1	0	0
18	135	129	>23	>23	1	1	0	0
19	135	131	>23	>23	1	1	0	1
20	132	122	>23	>23	1	1	1	1

* 1 representa resultados positivos, 0 representa resultados negativos

** Petrifilm medido em 1ml/100ml

MIX
Papier aus verantwortungsvollen Quellen
Paper from responsible sources
FSC® C105338

Printed by Books on Demand GmbH, Norderstedt / Germany